U0339279

Colin Stuart

13 Journeys Through Space and Time

13次时空穿梭之旅

[英]科林·斯图尔特 著　孙亚飞 译

CNS PUBLISHING & MEDIA
湖南文艺出版社
HUNAN LITERATURE AND ART PUBLISHING HOUSE
博集天卷 CS-BOOKY

登月

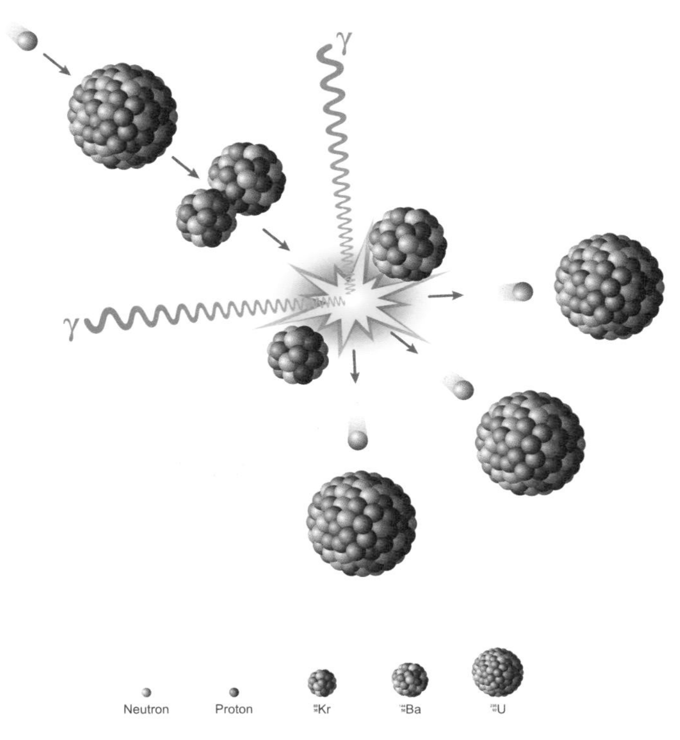

铀原子裂变（左至右：中子、质子、氪、钡、铀）

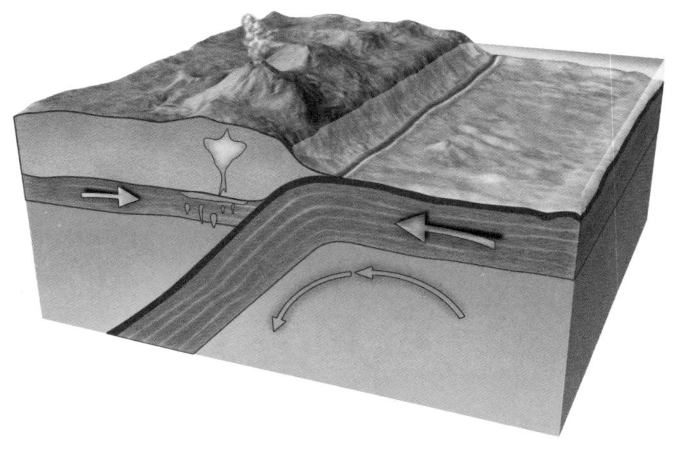

大陆漂移模型

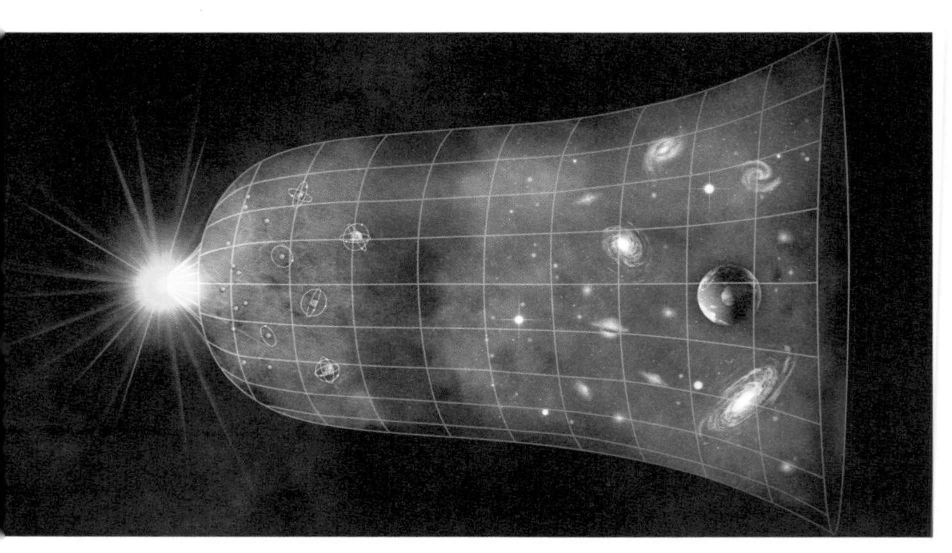

宇宙大爆炸至今宇宙的进化

时空旅行模拟图

太阳系模型

金星

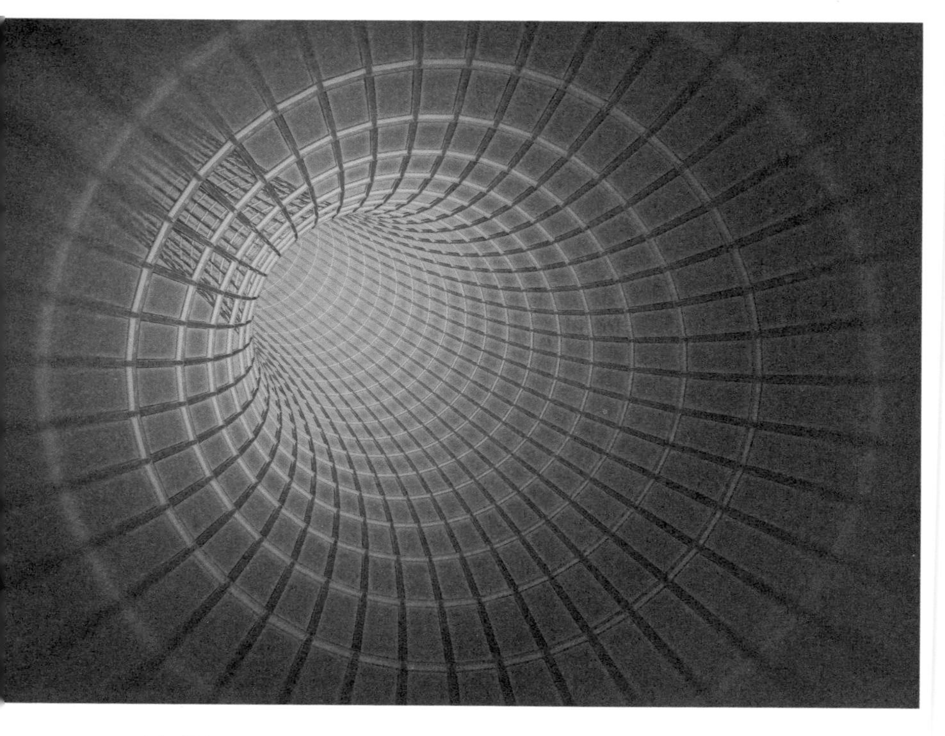

虫洞模拟图

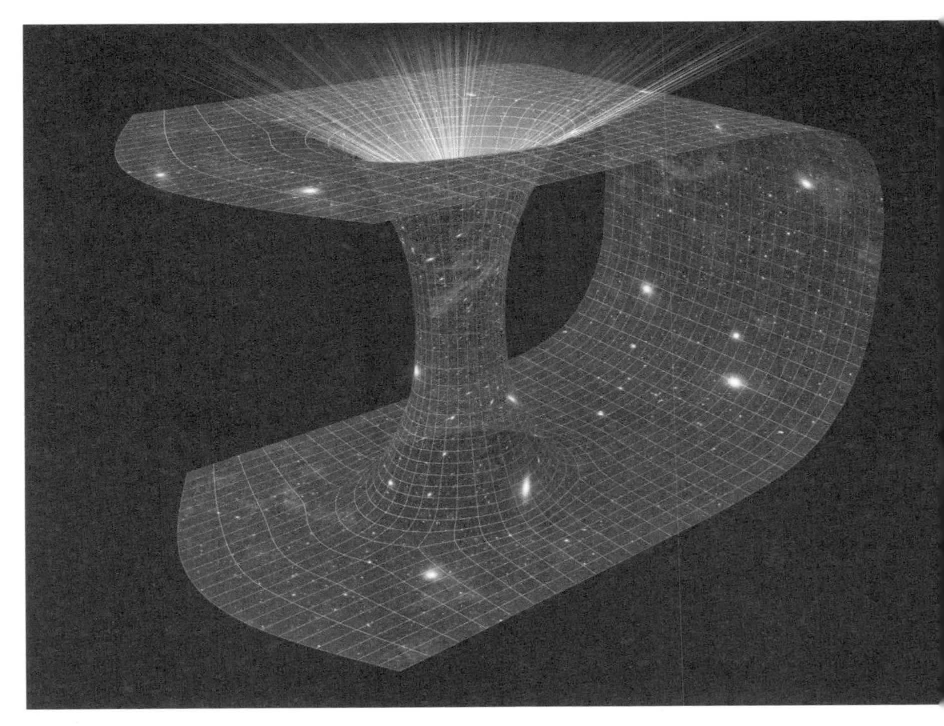

黑洞3D效果图

日冕

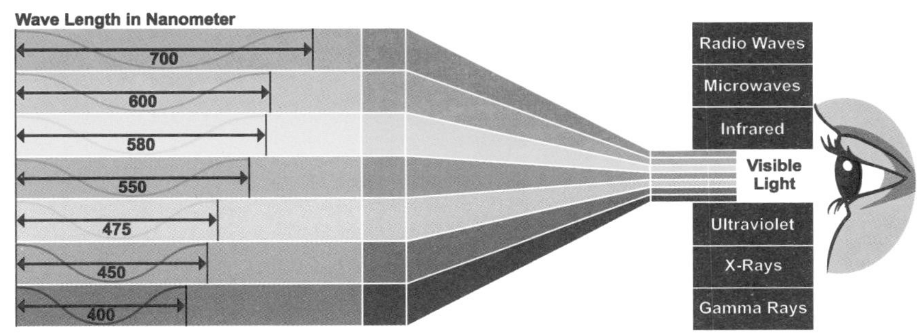

光谱［左：波长（纳米）；右从上至下：无线电波，微波，红外线，可见光，紫外线，X射线，伽马射线］

天狼星所属的大犬座

陨星

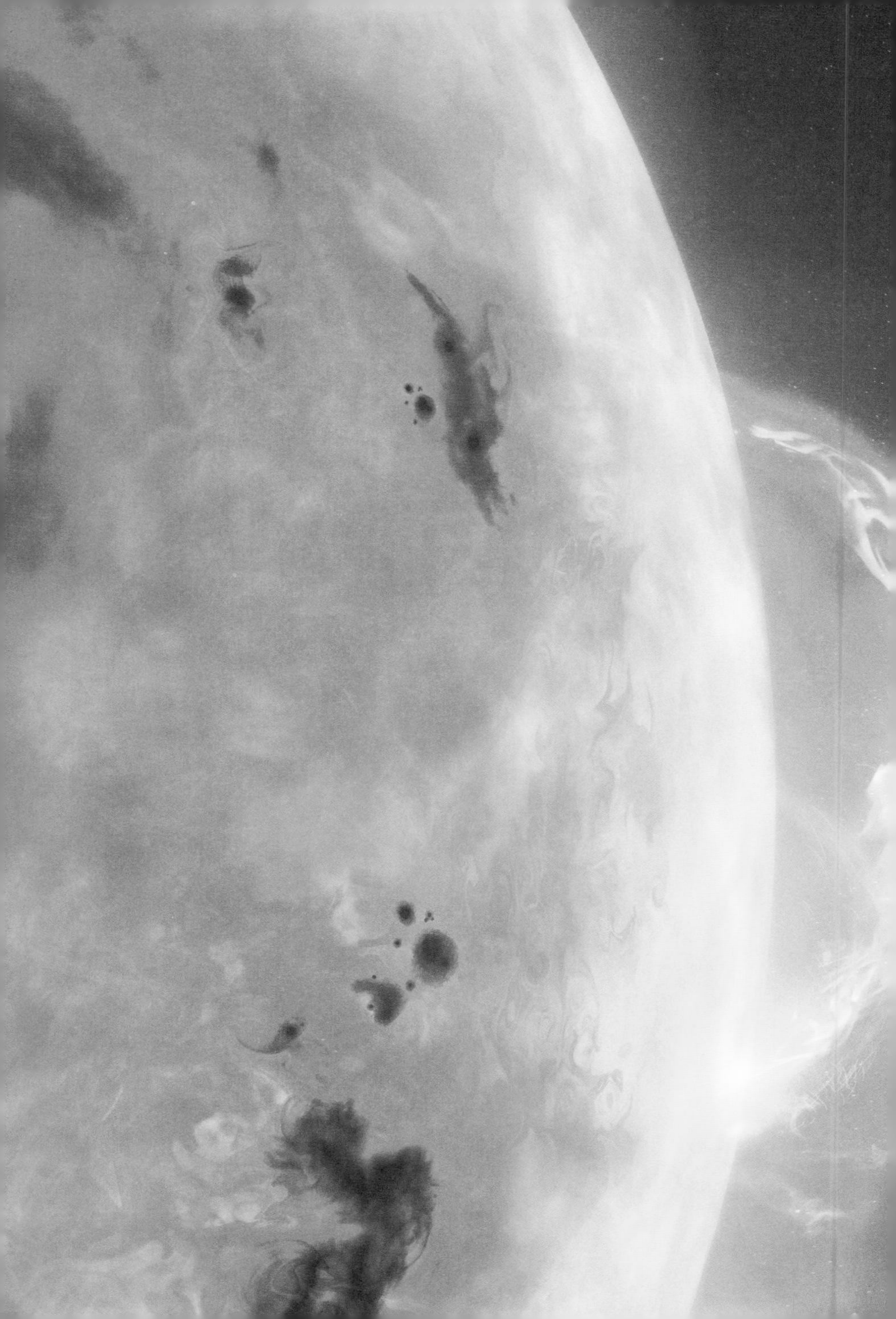

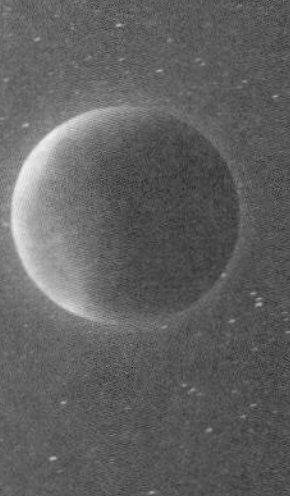

太阳耀斑

13 JOURNEYS THROUGH SPACE AND TIME

13次时空穿梭之旅

英国皇家科学院圣诞讲座

CHRISTMAS LECTURES FROM THE ROYAL INSTITUTION

目录

Contents

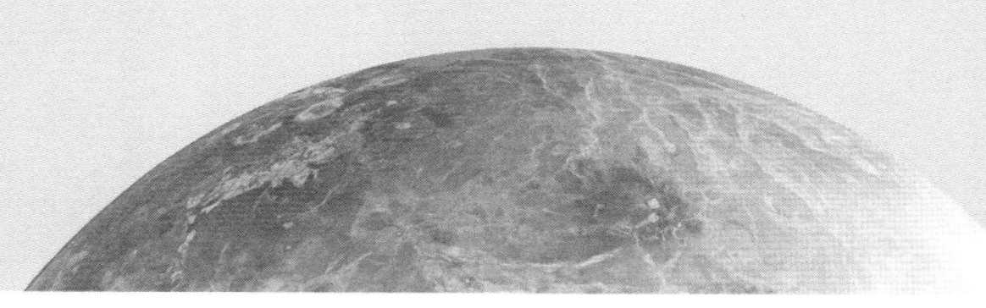

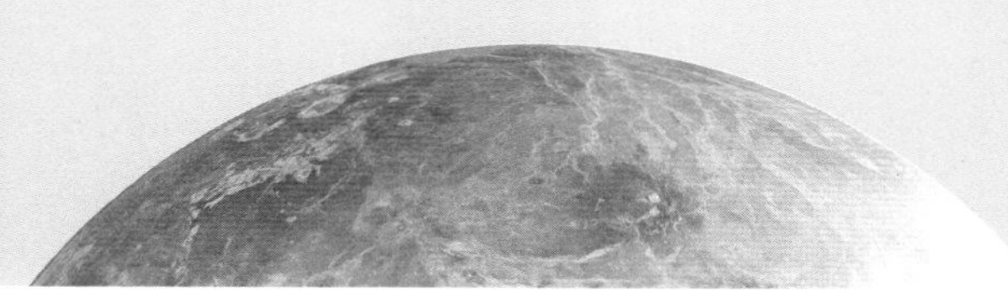

序

欧洲宇航局宇航员蒂姆·皮克（Tim Peake）

圣诞讲座是我一直向往的事情，因此凯文·方（Kevin Fong）博士的2015年度有关太空生存的圣诞讲座，我非常开心被邀请参加。能够在距离地球表面400千米的国际空间站中参加这场盛会，是我在此次活动中的亮点。

生活并工作在国际空间站中，是一项非凡的殊荣，也是一段特别的经历。在太空以及重返地球的这段时间里，也许最触动我的事，是我们的身体在调整适应颇为不同的环境时有多么出色。六个月的太空飞行，人的身体会感到吃力——对我们的前庭系统、心脑血管以及免疫系统都会造成改变，而不只是皮肤、肌肉重量、骨密度和视力。然而，落地后仅仅几星期，人类的身体就能几乎完全恢复，只有骨密度的恢复需要近一年。这些变化的发生也给科学家和科研团队提供了一个很好的机会，得以深入研究人的身体功能是怎么实现的。

自从人类在1961年第一次被送入地球轨道，我们已经学到了大量有关太空旅行的知识，但仍然有很多需要被发现，我们也一直在不断探索。我们需要用这些摆在我们面前的发现去激励下一代科学家和探险家，这非常重要。而要实现这一点，圣诞讲座正是非常理想的方式。“Principia”（原理）任务中非常重要的一部分，是成功地延伸教育项目，通过各类活动，覆盖了超过100万在校学生。如果我们打算解决未来的挑战，今天给年轻学生的投资就很关键。

在认识太空的路上我们究竟走了多远？又取得了多少令人惊叹的技术进步，让我们得以探索宇宙？这本书就是一个很好的见证。皇家科学院（Royal Institution）多年来持续向年轻的讲座听众传播前沿科学，这一切也令人感到陶醉。几十年前，对当时的听众而言，探访月球似乎还是非常遥远的梦，而如今我们不仅已经在那里着陆过，就连探索火星的路也在变得越来越现实。我希望这本书可以启发你进入科学的旅程。

引言

对很多人来说，皇家科学院的圣诞讲座不过是节假日安排中的一部分，就跟肉馅饼和火鸡差不多。这项世界闻名的活动自从1825年起几乎每年都会举行，只是在1939—1942年，因战争而被迫中断。自1966年起，该讲座便在电视上播放，从而惠及了全世界越来越多热爱科学的听众，如今他们还可以在皇家科学院网站上在线观看。这个点子出自维多利亚时代的著名科学家迈克尔·法拉第（Michael Faraday）——他渴望能够用科学发现教育并激励大英帝国的年轻人——故而讲座总是会在阿尔伯马尔大街21号那座知名的“法拉第讲堂”举行，这也是皇家科学院自1799年成立以来的总部所在地。

每一年，来自全英国的年轻人都会蜂拥到皇家科学院，倾听科学界最新的发展，观看那些令人惊叹的实验演示。皇家科学院前院长劳伦斯·布喇格（Lawrence Bragg）爵士在给他的讲座助理比尔·科茨（Bill Coates）的一封信中，很好地总结了这一点：“不要谈论科学，要给听众展示科学。”每一年，讲座都充满了各种令人惊叹的发现与奇思妙想。

过去讲座的名人众多，从戴维·阿滕伯勒（David Attenborough）爵士到理查德·道金斯（Richard Dawkins），从南希·罗思韦尔（Nancy Rothwell）夫人到海因茨·沃尔夫（Heinz Wolff）。不过在本书中，我们主要聚焦于那些主题与太空和时间相关的讲座。天文学是最古老的科学之一，一代又一代人凝视着夜空，试图弄明白我们在宇宙中的位置。然而，随着认知的逐渐加深，我们也开始感激微型世界——原子世界在我们来到这里的故事中所扮演的重要角色。

本书挑选的每一个讲座系列在最初演讲时都有好几小时那么长，在圣诞与新年期间上演好几天。本书的目的并不是要像演讲时那样对每个讲座进行详细而深入的报告，而是突出一些穿插其中的迷人话题，带着读者行走一段天文发现的旅程。我们将看到我们对太阳、恒星、月球以及行星的了解在几个世纪中是如何发展的，以及当时的顶尖科学家在展示宇宙或更深远的奇观与复杂状态时所使用的技术。

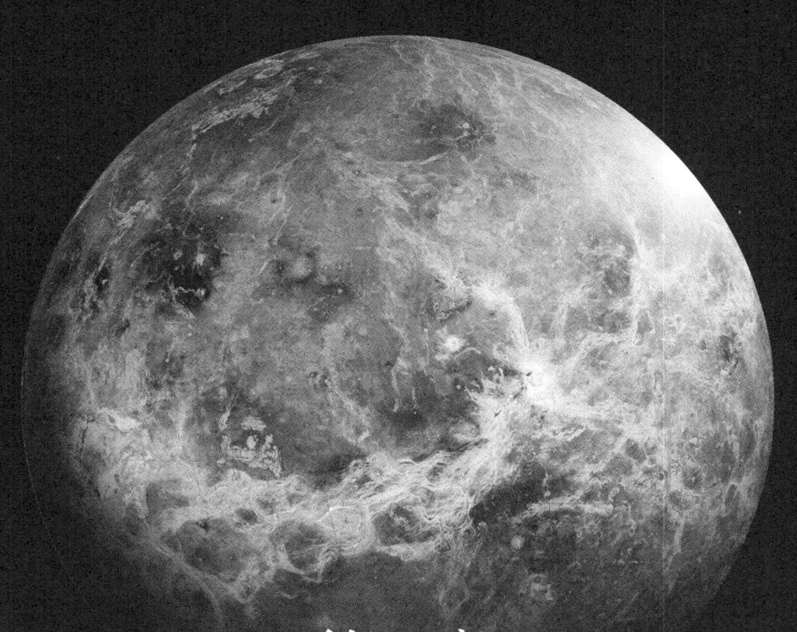

第一章

太阳、月亮以及那些行星

罗伯特·斯塔威尔·鲍尔爵士

（Sir Robert Stawell Ball）

1881

✧

对一艘大西洋轮船来说，船上的一点微光完全不足以给出其性能与容量的信息，同样，闪烁的星星也完全不足以展现无垠宇宙最绚烂的概念以及其中的各种关联。

✧

不可思议的时空探索之旅

1. 日冕是什么?
2. 地球与太阳距离多远?
3. “最美丽的科学发现”是什么?
4. 可以看到两次日落的地方在宇宙的什么地方?

在这个令人陶醉的系列讲座中，我们将会享受一场盛宴，看看我们位于太阳系中的这片地方，欣赏这幅如今仍在绘制中的画作。近来发现的一些行星，以及围绕这些行星的卫星，将会给生命灌注很多热忱与激情。我们随后将离开太阳系，去看看更遥远的恒星，尝试标记出它们究竟离地球有多远，弄清楚它们是否也有自己的行星。鲍尔有着利用成熟而诗意般的类比将复杂事物简单化的能力，而这个能力正在散发着它的光辉。

我们对太阳系的探索，开始于位居太阳系中间的这颗恒星。我们知道，太阳很热，可它究竟有多热？鲍尔让我们想象一下，“很多男孩都曾做过的一个取火镜实验”——利用放大镜给一些东西点火的古老把戏。他告诉我们，科学家也在利用类似的棱镜做着实验，只不过镜子足有一码（0.91米）那么宽。“钢材也会被太阳光束烤化……所以太阳的温度肯定比熔融的钢的温度还要高；实际上，比我们在地球

日冕

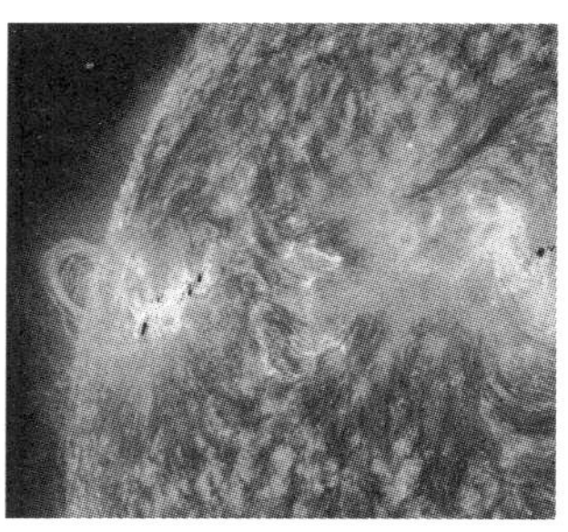
日珥

上可以制造出的任何温度还要高。”他讲道。（如今我们知道太阳表面的实际温度在5500℃左右。）

随着鲍尔将一只足球放到讲堂的桌子上代表太阳，他的关注点便转到了比例上。对比之下，地球将会是多小？“一粒小口径子弹的尺寸正好合适。”他给出了答案。我们今天知道，大概100万个地球才可以填满一个太阳。他身后的大屏幕此时贴出几张太阳的照片，展现的是一些黑色斑点——太阳黑子。我们同时欣赏到了壮观的日食照片，这是因月亮挡住太阳而形成的现象；我们还得以一瞥令人眩晕的太阳大气——日冕，也只有当月亮用这种方式遮住太阳刺眼的光芒，我们才能肉眼看到日冕；我们还看到了日珥，也就是从太阳边缘爆发出的火焰般的构造。“其中一部分日珥以每小时20万英里（32.2万千米/小时）的速度喷出，也就是说，超过最快的步枪子弹200倍。”鲍尔解释道。

按大小排列，最左的足球代表太阳，最右的子弹代表地球

遮挡阳光的精巧障碍——月亮是鲍尔第二场演讲中关注的核心。

鲍尔在皇家科学院讲堂中进行演讲

不过它与太阳之间存在根本的区别——它本身并不能发出一丝光线，全靠反射太阳光。随着它围绕地球的位置发生变化，我们会发现它反射的阳光总量也在改变，这就形成了不同的月相。鲍尔在一只亮着的电灯旁放了一颗小球，然后询问坐在讲堂不同方位的听众可以看到什么样的球体。这恰如其分地证明了上述事实。随后，他又让我们想象一下在月球上居住并回望地球的样子。我们这颗行星同样会有阴晴圆缺，只不过光泽更鲜亮些。

鲍尔对月相的证明

“如果有13颗月球……一起照耀的话，想象一下这光芒会怎样。这样的夜晚将会多么美妙！你都可以很轻松地读书了！”这是因为地球比月亮大得多，他对这个事实的描述让人想起遍燃蜡烛过节的情景。

“一个很美味的葡萄干小圆布丁，直径三英寸（7.6厘米）……一个身体结实的男孩可以将它全部吃下。”另一个被用来代表地球的布丁直径有一英尺（30.5厘米），也就是四倍于前者。不过，“如果一个小男生可以吃掉刚才那个小布丁，那么需要多少孩子才能干掉这个大的呢？”，鲍尔问道。答案不是4个，而是64个（或者说4×4×4个）。

因为没能成功预测在此之后不到一个世纪就实现了的阿波罗登

月，鲍尔告诉我们："没有探险家可以到达我们的卫星。"（然而，科幻小说中关于人类登月的桥段在1881年之前很久就出现了，而技术又一直在革新，所以他排除了未来所有时期登月的可能性，这还是挺奇怪的。）尽管如此，他说望远镜可以替我们完成这段旅程。这样做，我们能更近距离地看到我们"邻居"表面显眼的黑斑。他称它们是"曾经盛有大海的空盆地"。（我们现在知道它们并非"大海"，而是熔岩。）鲍尔解释说那些海洋布满了坑洞。他展示了它们的基本模型，并断定它们一定是由火山形成的。（实际上，我们现在知道它们是太空残骸撞击到月球表面形成的。）鲍尔还相信，并不存在所谓的月球居民，因为缺少空气和水，但他没有排除其他星球存在生命的可能。"想象一下，在所有的这些星球中，只有我们这一颗是独一无二适合生命的寓所，这似乎是挺可笑的。"

地球与月球的相对尺寸

现在，我们转到最内层的行星——水星。

我们所知道的水星，就是一颗个头很小、相对较重的行星，距离太阳最近。不过我们怎么才能在这么远的地方对它进行称重呢？根据鲍尔的描述，在这项努力之中，一颗名为"恩克"（Encke）的彗星充当了我们的助手。当彗星靠近水星时，它的轨道会被行星的引力改变。由于水星是质量最小的行星，所以它所具有的引力也最微弱。根据恩克轨道的轻微偏离，可以计算出水星大概只有地球质量的4%（接近现代最新计算的数值5.5%）。不过，"水星这颗星球到底什么样，对此我们几乎什么都不知道。它表面具有什么性质，我们知之甚少，甚至可以说一无所知。"鲍尔说道。［我们其实也是直到1974年

NASA（美国国家航空航天局）“水手10号”飞行器抵达其表面之后才开始知道。]

通过观察下一颗行星——金星，天文学家可以获得一把丈量天空的尺子。就像月亮有时会从太阳前方经过一样，金星也会如此，只不过非常罕见。“金星凌日”现象会间隔八年出现两次，但这两次之后，下一轮两次再出现就要等上100多年了。1874年，发生了一次金星凌日，1882年是第二次。“（然后）一直到2004年才会再出现这样的天文现象。”鲍尔讲述道。（他说得对，而且我们在2012年看到了另一次。再下一次直到2117年才会发生。）如此罕见，也就意味着金星凌日在19世纪可谓是大事件。“我不敢想象还有其他什么值得庆祝的事情，会比这些事吸引更多人的兴趣。”它提供了“一种有价值的方法，用以研究地球与太阳的距离”。在地球的不同位置观察，你可以发现金星凌日现象起讫于略微不同的时间。与金星之间的绝对距离（比如以英里为单位）就可以利用这一差异进行计算。金星、地球与太阳之间以百分比为单位的相对距离早已被知晓，地球与太阳之间的绝对距离就是以此精确计算的，从而确定大约是9300万英里（1.5亿千米）。

说到火星的时候，一台望远镜揭示了这颗行星的一些特点，但也只是一些大致特征。“火星上的某个目标……至少要有圣保罗大教堂的100倍宽，才可能被天文学家识别出来。”鲍尔说道。这颗红色星球上只附着了一层薄薄的大气，但“对于大气中的成分，我们其实什么都不知道”。（如今我们知道它只有一层由二氧化碳构成的单调大气，还不足地球大气密度的1%。）鲍尔还提到两颗火星的卫星——火卫一与火卫二——1877年才被发现。“火卫一与火卫二的英文名字福波斯（Phobos）与得摩斯（Deimos）其实来自《荷马史诗》中的两

罗伯特·斯塔威尔·鲍尔（1840—1913）

鲍尔于1840年出生在都柏林，在成为爱尔兰人罗斯勋爵（Lord Rosse）的伙伴后，他开始了他的天文学职业生涯。罗斯勋爵捐出自己的财富建起了当时世界上最大的望远镜，被称为“帕森斯城的利维坦”。在维多利亚时代的英国，鲍尔继续作为一名勤奋的科普工作者在活动，也是一位杰出的天文学拥护者。据估计，他在1875—1910年间的一系列活动中共做了2500场演讲。他在1881年的首次圣诞讲座非常受欢迎，以至于他在1887、1892、1898和1900年四度被邀请担当圣诞讲座讲者。

个人物，他们的职责就是守卫战神马尔斯，在他的战马两侧共轭。”（译注：在《荷马史诗》的《伊利亚特》篇章中，马尔斯是战神，火星的英文名Mars来源于此。福波斯与得摩斯守护在战神两边，作为马尔斯的从神）

鲍尔也告诉他的听众，火星“最引人注目”的观测成果来自美国天文学家珀西瓦尔·勒韦尔（Percival Lowell）。“勒韦尔先生特别注意到这颗行星表面上壮观的线条，这也是其‘运河’（canal）之名的由来，它们会呈现某种程度的周期性，这几乎令人确信，它们是在某种智能生物的引导下建造的。”这其中一部分误会其实是源于一次低级的误译。意大利天文学家乔瓦尼·斯基亚帕雷利（Giovanni Schiaparelli）称这些线条为“canali”——在意大利语中表示水道的意思。当这个单词被错误地译为“运河”之后——这也就暗示着它们是由某个智慧文明建造——公众对火星的兴趣也骤然上升。这些“运河”后来成为一些激烈辩论——也包括圣诞讲座——的主题。争论持续了几十年，而很多人都质疑它们是否真实存在。

鲍尔随后带我们参观了四颗气体行星：木星、土星、天王星和海王星。它们距离太阳很远，那里的光线也更暗。然而，“它们虽然处在昏暗的位置，看似会受到影响，但其实影响很有限，因为非常大的可能性是，不会有任何生命在那里定居”。

他解释道，自从伽利略在1609年第一次观察到木星的“四胞胎”卫星之后，其总数就再也没增加过，一直就是四颗（第五颗直到1892

1900年鲍尔在皇家科学院进行讲座

年才被发现，后来又陆续发现了62颗）。而它们相比“我们这颗迟钝的月球，可谓是非常活泼而富有生机，月球需要一个月才能绕地球一圈”。木卫一“伊奥”是最轻快的，绕木星轨道只需不到两天。这些卫星偶而从木星前方掠过，就像我们看到的金星凌日那般。然而这样的“木食”对我们来说发生在不同的时间，这取决于地球与木星在此时所处的位置。当这两颗行星远离之时，木星系统的光线需要更长的时间才能抵达地球。天文学家利用这一延迟的时间计算光速，这也是鲍尔所谓的“最美丽的科学发现之一”。

我们的演讲者接着开始讲述土星，当然重点是说它的环。“想象一下你就站在土星的赤道上，然后抬头望着这圈壮观的环，而它的边缘一直延伸到天际线以外。你也许真的是站到了一扇跨度10万英里（16万千米）的拱门之下。”天王星是由威廉·赫歇尔（William Herschel）在1783年（一说1781年）发现的，对这颗行星的后续研究暗示着还有另外一颗行星的存在。就如同水星的引力会影响恩克彗星的轨道一样，海王星也拖着天王星——“对比理论计算出它本来应该待着的位置”，后者“有那么一丝误入歧途”。（1843年，天文学家开始寻找“嫌疑犯”，并且在1846年守株待兔，将海王星逮了个正着。）

在开始第五场演讲时，鲍尔宣布道：“现在，我们不得不讨论一下很多具有最不规则形状的以及描述最‘站不住脚’的天体。”他指的是大量彗星——比如恩克，它们就像鬼魅一样在太阳系中游荡。“我们几乎不知道它们是从哪儿来的，只知道它们是从外太空而来，而且饰以闪亮的华服，质地几近散发出圣洁之光。”彗星具有高椭圆轨道，这意味着它们在朝向太阳猛冲绕行之前，会将主要的时间都花费在太阳系“郊外”那漫漫长路上。很多轨道都非常长，以至于过去当彗星光顾地球之时，竟没有天文学家发现过。所以，你可以想象他们捕获彗星之时的兴奋程度了。

新彗星抵达的消息需要快速被传播。“彗星的移动速度通常比女王陛下的加急信还要快，所以这就需要用电报来传递消息。”鲍尔说道。但通过电报传递长信息充斥着差错与误解的风险。“这些困难通过天文学家之间的一个共识得以克服，这十分简单也十分有趣，所以我必须在这里介绍一下。”每一位天文学家都配有一部《韦氏词典》。比方说，新发现的彗星在天空中的坐标是123°45′，那么需要传递信息时，他们就会翻到词典的第123页，找到当页第45个单词（鲍尔用的词是“选民”），这个词便是他们通过电报传递的全部信息，告诉大家一个太阳系外层游客来访了。

在鲍尔的最后一场演讲中，他转而讲述超出太阳系的整个物质世界，也就是所有恒星。他在展示板上给我们画出了一幅很小的太阳系示意图。但我们应该在哪里摆上天狼星？这是距离地球最近的恒星之一，也是夜空中最亮的一颗恒星。“这张画板必须延伸到讲堂的墙壁以外，穿过伦敦……它大概得从我们现在聚在一起的这个地方，延伸出去约20英里（32千米）才够……你看我们这颗太阳和它的行星们在空中所占据的位置是多么孤独。”在夜空中我们看到的所有恒星都是一颗颗“太阳”。“或许也有些行星在围着这些‘太阳’旋转，但对我们来说，看见这些行星简直是毫无希望。”（当时或许是毫无希望，但如今天文学家已经发现数千颗在遥远恒星周围绕轨旋转的行星了。）

他让我们想象这些恒星像小船一样在广阔的大海中漂浮：

在这些船里有各种物体与生命：船长和船员、乘客、客舱、引擎、救生艇、绳索，还有储藏室。想象一下那儿储藏着各种珍宝，夜

晚时分映照于大海之上，而能够表明这精巧结构存在的唯一标志，无非就是偶然从它那里发射出的几束光线。我们也许已经很确定地感受到，对一艘大西洋轮船来说，船上的一点微光完全不足以给出其性能与容量的信息，同样，闪烁的星星也完全不足以展现无垠宇宙最绚烂的概念以及其中的各种关联。

他说得多正确啊！我们如今还在构建有关这些系统的知识，就像环双星行星开普勒-16b——一个环绕两颗而非一颗恒星的世界——的发现那样，那里的任何居民都可以看到两次日落，也会有两个影子做伴。宇宙中这些浩瀚的复杂体，委实能让我们屏息凝神。

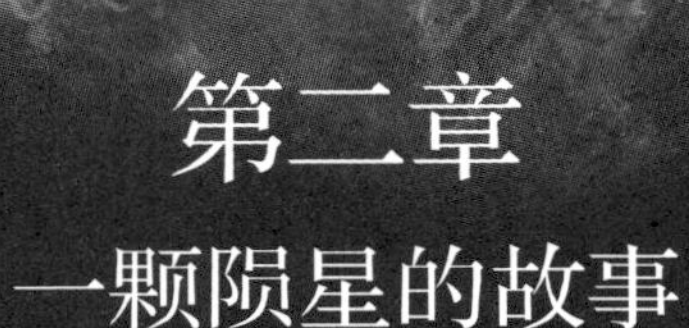

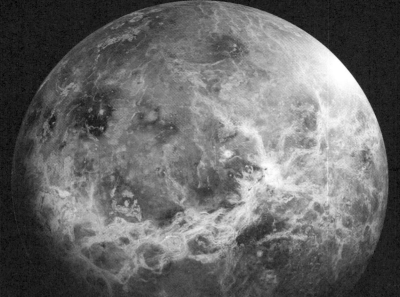

第二章

一颗陨星的故事

詹姆斯·杜瓦爵士

（Sir James Dewar）

1885

✧

这些定期发生的流星雨，是地球通过散落于太阳系中的尘埃流时产生的现象，而这些尘埃流就如同某个曾在此处游荡的彗星撒落下来的一缕面包屑。

✧

不可思议的时空探索之旅

1. 陨石是什么？
2. 流星划过天空时，光束是怎么产生的？
3. 陨石的成分是什么？
4. 流星雨是怎么产生的？

太空并不总是像它看上去的那样广阔得不可触摸。偶尔，外太空的一些“使者”会从天而降，摔落到地球上。在杜瓦爵士的讲座中，他将注意力集中在陨星这一令人迷醉的目标上，它们不仅会在撕开天际之时发出梦幻般的光芒，还会带来很多重要的信息，如它们曾经到过的地方。通过它们，我们不必离开地球，便可以获知很多有关太空的事。

根据1885年12月30日出版的《每日新闻》（*Daily News*）报道，这一年的系列讲座一如既往地受欢迎：“跟往常一样，这次讲座在开场前一小时就已经满座，由于放假在家，爱好科学的年轻学生对儿童预留专座提出了巨大需求……讲桌上的设备比过去很多次讲座摆的都要少，不过有很多陨石藏品，其中一些还是大颗的。”

除了这些珍品以外，讲座正式开始之前，我们还看到了一幅巨大的示意图。那是一张欧洲地图，显示的是陨星曾经掉落过的位

詹姆斯·杜瓦爵士（1842—1923）

1842年，杜瓦出生于苏格兰珀斯郡（Perthshire）。作为化学家与发明家的他，最为世人熟知的，莫过于他在1892年发明的真空容器。这是现代保温容器的开山鼻祖，无论瓶中物质的温度相比环境来说是过热还是过冷，它都可以使之保持。在使用钯元素进行实验时，他突发灵感，将一个黄铜腔置入另一个腔体，以调控内部的温度。他最初制成的容器如今仍在皇家科学院展出，彼时他正在皇家科学院担任富勒化学教授［译注：Fullerian Professor of Chemistry，由慈善家约翰·富勒（John Fuller）生前赞助创立，第一个获此基金赞助的是著名物理学家、化学家迈克尔·法拉第，而詹姆斯·杜瓦于1877年起担任这一职位］。对于退休的要求，他不管不顾，一直坚守在这一岗位，直到1923年在皇家科学院的住宅里离世。杜瓦一共开办了10场圣诞讲座，总数仅次于迈克尔·法拉第与约翰·廷德耳（译注：John Tyndall，著名物理学家，他所发现的“廷德耳现象”应用十分广泛），成为史上第三。

置。杜瓦解释说，这些陨石其实都是从太空降落下来的石块或金属块。然而，它们只有掉落到地球上之后才会被称为陨石，当这些物体还在空中飞时，它们会被称作流星。听众此时可以看到一张讲解图，上面有很多运动物体的速度，其中重点标记出了陨石的惊人速度。一辆快速列车的速度可以达到每秒90英尺（27米），同样的时间里声音可以传播1100英尺（330米）；地球在轨道上运行的速度大约是每秒18英里（28.8千米），然而对比之下，陨石与彗星在太空中猛冲时可以达到每秒36英里（57.6千米）与每秒45英里（72千米）。

杜瓦特别提到了一件奇闻。1860年，一颗流星不幸撞入了地球的大气层。它划破天际，在印度旁遮普地区杜尔姆萨拉（Dhurmsala）的上空发生猛烈爆炸，炸成很多碎片，比大炮齐发的声音都要响亮。任何人如果想要捡起散落的碎片都不得不立即丢掉，因为它们实在是冷得出奇。这是由于，在外太空那样一个酷寒的世界里，石块被极度冷冻，而大气的热量很难穿透到冰冷的岩石内部。杜瓦还解释，巨大的响声其实在爆炸之前就出现了，因为太空岩石在飞快地旋转。他通过一只旋转的轮子证明了这一观点——那轮子的确发出了刺耳的声音（在皇家科学院档案保存的一本笔记本上，可以看到杜瓦勾勒出的这一装置，见第26页）。

这样的事件发生时，天空中通常会伴有一道炽热的光束，仿佛飞速的流星碾碎了空气中的粒子一般，摩擦力则导致它变得过热。借助那些捆扎在车床上被设计用于模拟流星的装置，我们得以发现线速度与温度之间的关系。当旋转的线速度达到每秒180英尺（54米）时，就足以让装置的温度上升了。

杜瓦给我们展示了在这样疾驰的状态之下，陨石上的物质，尤

陨星

其是那些细小颗粒，会产生怎样显著的反应。使沙砾高速撞向玻璃，玻璃表面遍布的麻点就是它受损的证据。通过一台砂轮，杜瓦也给我们演示了，这样的细小颗粒相对来说更容易着火。他收集了一些火花，随后在他的显微镜下向我们揭开了它们的真面目。有一些颗粒呈现完美的球形，这是因为强烈受热导致它们彻底熔化并形成球状液滴，随后又冷却、再次固化——科学家们所称的“熔合”过程。很明显，坠落陨星的最外层就像杜瓦那台砂轮制造出的火花，经历了熔合过程。然而，这个过程在空气中持续的时间实在太短，所以熔合层还没有一张纸厚。通过一个令人兴奋但需要一定勇气的实验，杜瓦展示了物体中心的温度可以与其边缘的温度相差极大（杜尔姆萨拉陨星这个案例也一样）。他将熔融的玻璃倒入一盆冷水，玻璃随后便开始固化。突然，他将手伸入水中，将玻璃珠取出并放到讲台上砸个粉碎。

很显然，玻璃珠的内部还是白热状态，并持续发光了一段时间。这与陨星的情况正好相反。尽管如此，这仍然是个令人记忆深刻的证明过程。

通过将一颗陨石放入一杯水中并观察排出的水量，杜瓦证明了它大约有多重。这些陨石主要由铁和镍构成，排出的水量多于地球表面你所能见到的大多数石块。

接下来，他开始证明陨石的成分与地球的熔岩类似。此时在展示板上出现一张高倍放大的陨石晶体结构照片，随后出现的则是熔岩的对比照片，两者的相似性十分引人注意。因此，令人确信的是，这些陨星是远古火山向太空中喷发出的石块，只是在后来某个时刻又落回地球上。（不过，如今我们已经知道事情并非如此，这些太空岩石比地球的年龄古老得多。）

杜瓦在其身后的屏幕上展示了一些壮观的火山照片，并特别关注了维苏威火山（译注：Vesuvius，位于意大利南部，著名的庞贝古城在公元79年因该火山的喷发而损毁）。火山喷出的蒸气云射向天空高处，同时他指出，这些物体所到达的高度，正是人类此时刚刚企及的。1886年1月8日出版的《每日新闻》报道称：“他说，还没有人到过大气层中比5英里（8千米）更高的高度。毫无疑问，终有一天会

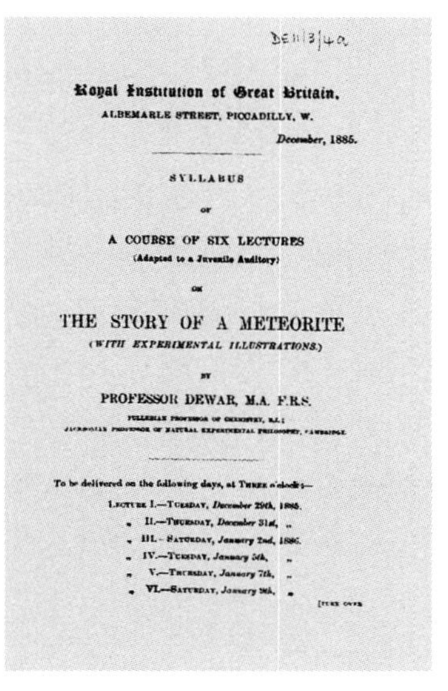

Royal Institution of Great Britain.

ALBEMARLE STREET, PICCADILLY, W.

December, 1885.

SYLLABUS

OF

A COURSE OF SIX LECTURES

(Adapted to a Juvenile Auditory)

ON

THE STORY OF A METEORITE

(*WITH EXPERIMENTAL ILLUSTRATIONS.*)

BY

PROFESSOR DEWAR, M.A. F.R.S.

FULLERIAN PROFESSOR OF CHEMISTRY, R.I.;

JACKSONIAN PROFESSOR OF NATURAL EXPERIMENTAL PHILOSOPHY, CAMBRIDGE.

To be delivered on the following days, at THREE o'clock:—

LECTURE I.—TUESDAY, *December 29th*, 1885.

" II.—THURSDAY, *December 31st*, "

" III.—SATURDAY, *January 2nd*, 1886.

" IV.—TUESDAY, *January 5th*, "

" V.—THURSDAY, *January 7th*, "

" VI.—SATURDAY, *January 9th*, "

[TURN OVER

讲座安排表封面

有人升空到10英里（16千米）处，但这需要的装备与现有的迥然不同，他们恐怕必须自己带上空气，也许还得把全身包裹起来。”杜瓦说得没错，2014年，谷歌公司的高级副总裁艾伦·尤斯塔斯（Alan Eustace），穿着定制的加压太空服，带着生命支持系统，从25.7英里（41千米）的平流层一跃而下，打破了此前由跳伞员费利克斯·鲍姆加特纳（Felix Baumgartner）在2012年创下的纪录。

杜瓦指出，在如此高的位置，大气要稀薄得多，但仍然可以导电。为了阐明这一点，他用气泵将玻璃瓶中的大多数空气抽出，随后给置于其中的红宝石通以电流，制造出了色彩斑斓的壮观景象。

如果在一个晴朗的夜晚外出，或许还需要远离城市里的明亮灯光，那么你将很可能撞见偶尔划过天空的耀眼光带。它们就是流星（也被称作“飞星”）。当然，它们压根不是星体，但当它们冲进大气层时，细小的太空尘埃就会变得白热而明亮。杜瓦指出，每一年都有几次广为人知的流星雨——流星集中爆发，持续好几天。每年8月与11月的年度秀尤其引人入胜，此时地球带着我们来到了尘埃的路径上。就在此次讲座前不久，瑞典城市乌普萨拉（Uppsala）还报道了一次令人记忆深刻的流星雨，当地人肉眼可观测到多达4万颗流星。据估计，在此次流星雨期间，总共有15万颗流星闯入了大气层，但其中只有一部分被认了出来。

这些定期发生的流星雨，是地球通过散落于太阳系中的尘埃流时产生的现象，而这些尘埃流就如同某个曾在此处游荡的彗星撒落下来的一缕面包屑。然而，相比这条轨迹的尺度，我们这颗行星实在是太小了。《每日新闻》的另一篇文章提到了杜瓦此时打的比方：“这就好像是一个只有四分之一英寸（0.64厘米）厚的身体穿过一辆足有一英里（1.6千米）长的列车。当地球穿过这辆流星列车时，一些流星自然会被地球的强大引力吸引，这就造成了它们的大量坠落。”为了证明地球的引力究竟有多强，杜瓦制作了一块巨大的磁铁，那还是之前为迈克尔·法拉第特制的设备，重达2英担（大约100千克）。它将物体吸向自己，就如同地球吸引流星一般（虽然利用的是电磁力而非万有引力）。

流星发出的光芒可以用于确定它的成分，这就是光谱技术。流星产生的光线，穿过一台光谱仪（一种通过棱镜使光线变向的光学仪器），并发射出一系列彩色明线，即所谓的“发射光谱”。每一种元素都有专属于自己的一套发射光谱，因此我们只需要将流星光谱上所看到的线与已知线谱进行对比就可以了。杜瓦通过一只电坩埚和一台光谱仪对此进行证明。他先是投入了一小粒钠，后来还放了碳，于是我们可以看到当它们被加热时所产生的发射光谱。接着，他投入了一些磨碎的流星物质，非常肯定的是，我们看到了同样的线条。流星里肯定含有钠和碳。

杜瓦1904年在皇家科学院做讲座时的油画

在当时，科学家们开始思考，认为流星与地球之所以都由相同的物质构成，是因为它们具有相同的来源。1886年1月10日出版的《劳埃德画报》（*Lloyd's Illustrated Newspaper*）对杜瓦的最后一场讲座进行了报道，“现代观点认为，在非常遥远的某个时期，我们所处的这整个系统，并不是以液体或固体的形态存在，而是一团气体，随后气体逐渐凝结，变得更明亮，并释放出大量热”。如今的天文学家应该会同意这一点。

好了，到了本年度系列讲座闭幕的时候了。根据《每日新闻》报道，“杜瓦教授向他的青少年听众致谢，感谢他们的关注；又向更年长的一些听众致谢，他们常常是台下的主力，杜瓦很感激他们耐心地听完了这些原本为初中生准备的讲座”。不过他还有最后一张王牌要展示。矿物学家詹姆斯·R. 格雷戈里（James R. Gregory）从杜尔姆萨拉陨石上切出了很多小颗粒，然后将它们分给每一个孩子做礼物，并附送了一本小册子，其中包含了一段戏剧性的解释，也就是一颗太空岩石从天而降的那一天所发生的一切。

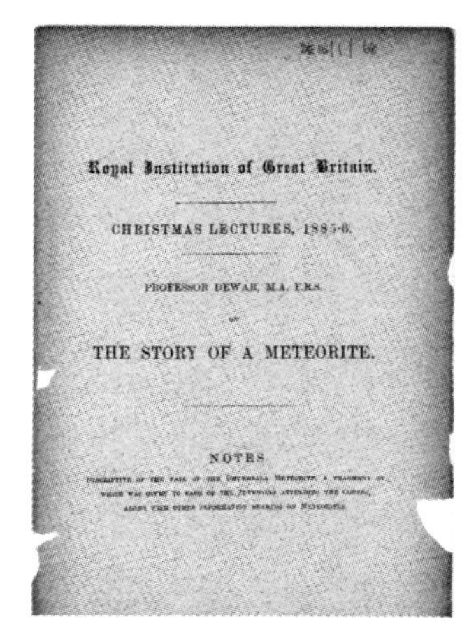

Royal Institution of Great Britain.

CHRISTMAS LECTURES, 1885-6.

PROFESSOR DEWAR, M.A. F.R.S.

THE STORY OF A METEORITE.

NOTES

讲座手册封面

以下内容来自档案

虽然讲座是在130多年前举办的，但杜瓦在1885年圣诞讲座上留下的一些手工制品仍在皇家科学院的档案室里保存完好，包括一本随杜尔姆萨拉陨石一同送给参会孩子的小册子。其中，有一段于1860年7月28日送达旁遮普政府的报告，开头是这样写的：

1860年7月14日，星期六。当天下午2:00至2:30，杜尔姆萨拉观测站人员受到可怕的爆炸声惊吓，开始他们猜测这应该是一场巨大的爆破，或是站点上方某个地方的矿场发生了爆炸；其他人则猜测可能是发生了地震，或是发生了一场特别大规模的滑坡，因为坚信房子会倒塌，将他们掩埋，于是都从自己的房间里冲了出来。

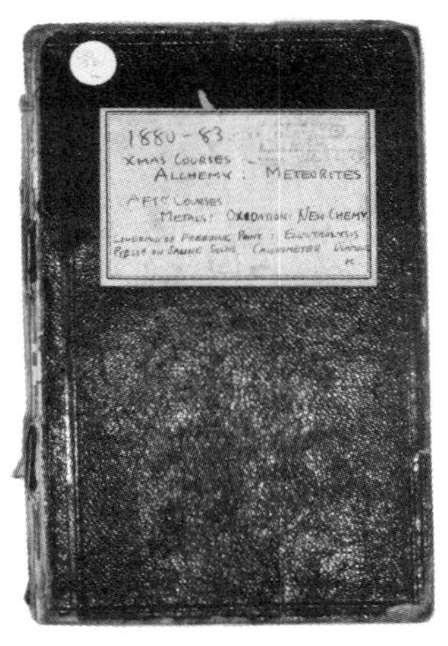

档案资料里还有一本杜瓦手写的原始笔记（可以看到右图的封面，以及下一页中的一些手写内页），在本子上他潦草地记载着自己的一些想法，事关他可能在1885年讲座期间进行的示范。笔记本有轻微的放射性，那是他当时在实验室操作的其他实验导致的（放射性现象直到10年后才被发现，因此杜瓦并不知道自己暴露在危险之中）。在其中一页上，你可以很清晰地看到他勾勒的一些车床设备，他在第二场讲座中用这些设备演示了伴随流星出现的温度上升现象。在另一页上，有一幅用来解释镀锌这种化学过程的电路图，即采用薄薄的一层锌保护铁使其不生锈的方法。

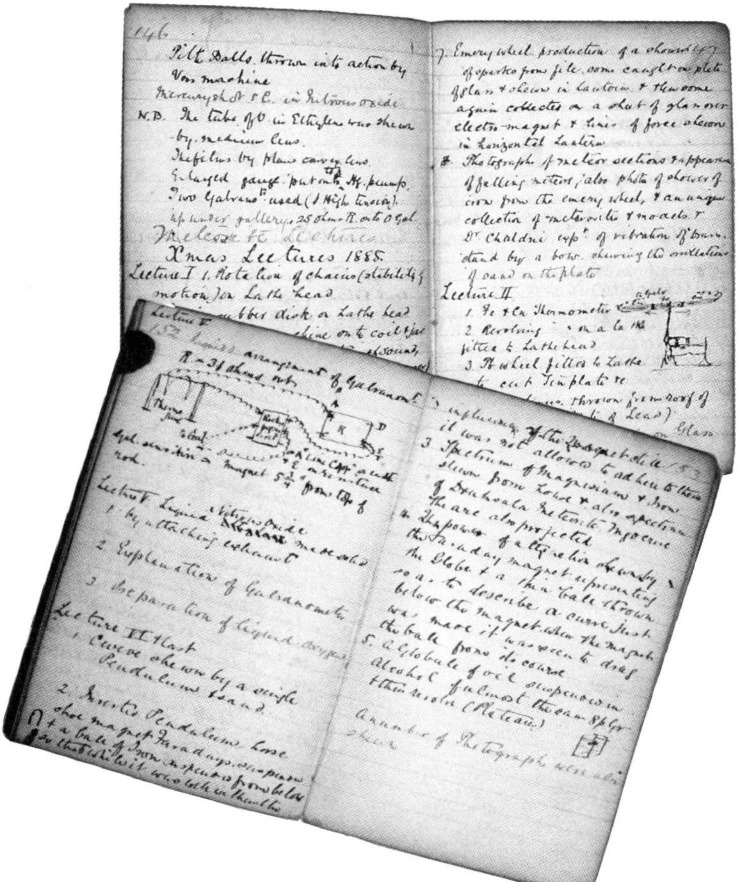
Pith Balls thrown into action by
Voss machine
Xmas Lectures 1885.
Lecture I
Lecture II
Lecture II & last
2. Explanation of Galvanometer

第三章
太空遨游

赫伯特·霍尔·特纳

（Herbert Hall Turner）

1913

✧

我们在夜空中看到的所有一闪一闪的恒星，都不过是距离我们更遥远的“太阳”……

✧

不可思议的时空探索之旅

1. 行星运动的规律是什么？
2. 太阳光要花多长时间抵达地球？
3. 空气可以被冻住吗？

我们现在准备开启一段壮阔的旅程。自地球的大气层向上飞行，随着我们开始打破地球引力的桎梏而变得更为自由，我们也将看到空气是如何变得更薄而气压是如何降低的。我们会一直往上飞，到达月球和别的行星，考虑一下太阳系中可能存在的其他生命。在通向更远的恒星以前，我们还将听到特纳有关太阳黑子形成的理论，而天文学家们已经对其观察了好几个世纪，并对太阳为何照耀的问题争执不休。

我们的旅程从地球开始，然而将它甩在身后的传说早就有了。特纳解释说，这些神话可以一直追溯到两千年前伊卡洛斯（Icarus）那次靠近太阳的不幸尝试（译注：伊卡洛斯是希腊神话中的人物，他与其父亲一同戴上蜡和羽毛制成的翅膀，飞到空中，在试着飞得更高的过程中，太阳的炙烤将蜡熔化，伊卡洛斯不幸落入大海）。只不过很久以来，我们都在很努力地去理解重力——一种将我们拽到地面上的神秘力量。

古希腊哲学家亚里士多德猜想，重力会让10磅物体的落地速度达到1磅物体的10倍，而他的这个想法在两千年里都没有遭到质疑。“好了，相信别人告诉你的，或者试着自己去发现真相，到底哪种更好呢？”在孩子们帮着论证亚里士多德的错误观点之前，特纳如此问他的这些小听众。他们一起重现了伽利略那个从比萨斜塔上扔下铁球的著名实验。一颗木球与一颗铅球被同时从很高的位置丢下，掉落在位于皇家科学院讲堂地面上的一个沙箱里——几乎同时落地。

特纳解释说，导致微小区别的原因是空气阻力。“我没有办法将这间屋子里的所有空气都抽掉再做实验，因为我们还需要呼吸。”作为替代办法，他将一片羽毛与一枚硬币放进玻璃容器中，然后用气泵抽去了其中的空气。非常肯定的是，两个物体同时落到了容器底部。特纳没想到的是，就在58年之后，“阿波罗15号”的宇航员戴夫·斯科特（Dave Scott）会在月球上做类似的实验，在没有空气的月球上丢下了一片羽毛与一把锤子。

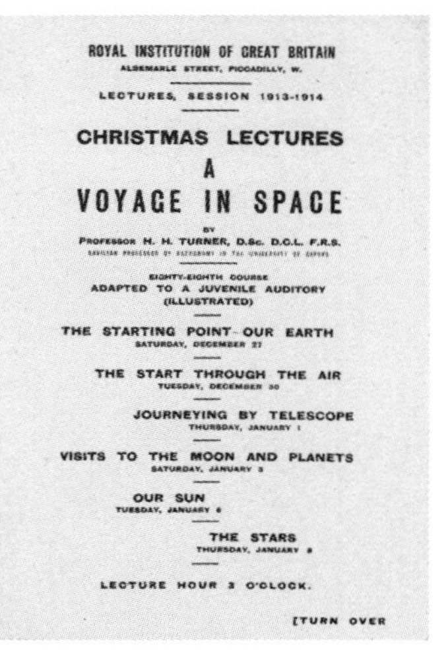

ROYAL INSTITUTION OF GREAT BRITAIN
ALBEMARLE STREET, PICCADILLY, W.

LECTURES, SESSION 1913-1914

CHRISTMAS LECTURES
A
VOYAGE IN SPACE

BY
PROFESSOR H. H. TURNER, D.Sc. D.C.L. F.R.S.

EIGHTY-EIGHTH COURSE
ADAPTED TO A JUVENILE AUDITORY
(ILLUSTRATED)

THE STARTING POINT–OUR EARTH
SATURDAY, DECEMBER 27

THE START THROUGH THE AIR
TUESDAY, DECEMBER 30

JOURNEYING BY TELESCOPE
THURSDAY, JANUARY 1

VISITS TO THE MOON AND PLANETS
SATURDAY, JANUARY 3

OUR SUN
TUESDAY, JANUARY 6

THE STARS
THURSDAY, JANUARY 8

LECTURE HOUR 3 O'CLOCK.

[TURN OVER

讲座安排表封面

我们随后听到的是万有引力定律如何被确立的故事。天文学家第谷·布拉赫与约翰内斯·开普勒为天空绘图，终于发现了行星运动的规律；行星轨道距离太阳越远，它绕行太阳需要的时间也会越多。特纳揭示了艾萨克·牛顿爵士是如何通过他在引力方面的工作解释这些规律的——太阳的引力迫使行星在各自的轨道上运行，距离太阳越远，受到的引力就会减小。

赫伯特·霍尔·特纳（1861—1930）

1861年，特纳出生在利兹市，并于1884年成为格林尼治皇家天文台的首席助理。随后在1893年，他成为牛津大学萨维尔天文学教授［译注：Savilian Professor of Astronomy，由亨利·萨维尔（Henry Savile）于1619年在牛津大学创立，同时他还创立了Savilian Professor of Geometry，即萨维尔几何学教授职位。萨维尔本人是一位任教于多所学院的数学家。因此，1913年圣诞讲座的时候，他是当时英国天文学界最负盛名的泰斗之一］。

1930年8月，他在斯德哥尔摩因脑溢血猝死，但并无遗憾的是，他在自己的领域中做出了最后的贡献。这一年稍早的时候，第九颗行星被发现，一个名叫维尼夏·伯尼（Venetia Burney）的11岁小女孩向他的祖父建议，将新行星命名为冥王星（Pluto，普路托），因为冥王普路托是罗马神话中尚未被使用过的神灵名字。伯尼的祖父是从牛津大学退休的一位图书管理员，他将建议转达给特纳，后者又将信息传达给了该行星的发现者美国人克莱德·董波（Clyde Tombaugh），克莱德同意了这一命名。

他讲到埃德蒙·哈雷如何利用牛顿的万有引力定律预测了一颗著名彗星的回归，而这颗彗星如今已被命名为“哈雷”。哈雷意识到历史记载的一些彗星实际上是同一个天体，它们在完成新一圈太阳轨道绕行之后便会回到太阳系内层。他还向我们展示了那棵曾在牛顿脑袋上砸下一只著名苹果的苹果树的一小截（这是从路那头的皇家天文学会借来的）。

行星分布

尽管已经知道引力是非常难以被克服的力量，我们还是义无反顾地开启了外太空之旅。“我们刚刚在报纸上看到，飞机已经可以爬升到接近4英里（6.4千米）的高空，而现在的问题是，这是否就是我们希望实现的高度。”特纳说道。显然，这与我们抵达25万英里（40万千米）外的月球不能相提并论。不过在我们进发之前，他很乐意告诉我们，这个距离是怎么测量出来的。为此，你需要一支雪茄。要想点亮这支雪茄，你需要判断什么时候火柴与烟头处在同样远的距离，烟头越短，你的视线就斜得越厉害。“如今的天文学家也在采用相同的办法……（只不过）用的不是两只眼睛，取而代之的是两台望远镜。”这种“天文斜视”的方法也就是所谓的视差法，利用此法，就可以测量出月球距离我们有25万英里那么远。

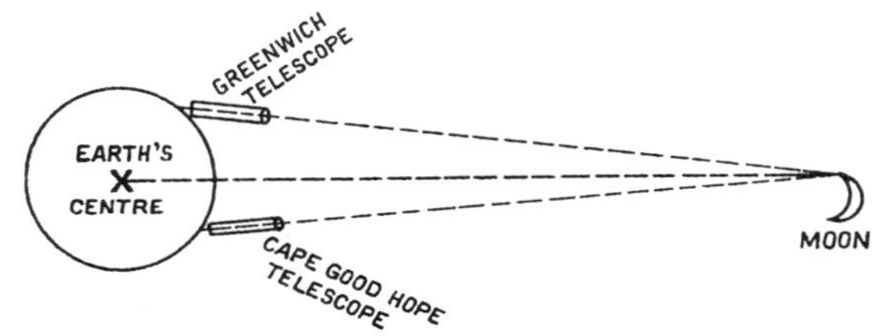

天文斜视图（左：地球中心；上：格林尼治望远镜；下：好望角望远镜；右：月亮）

现在，我们已经确认了摆在我们眼前的旅程有多远，这样就可以正式开始遨游了。“也许你已经注意到……如果你乘坐一条船游玩，那么在离开码头之前会做很多准备。我们或许应该考虑一下首先必须穿过的大气层，这就好比是我们在开始一段海洋旅行之前的码头。”最需要考虑的大气特性之一，就是它究竟有多大的压强。

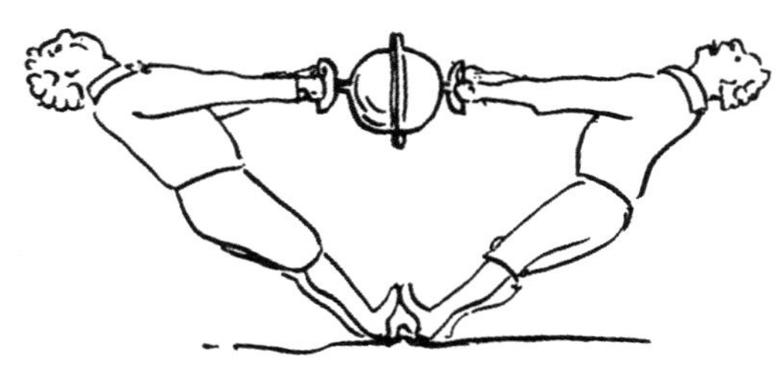

试图分离两只马格德堡半球

为了求证这一点，特纳搬出了马格德堡半球——两只可以扣到一起的半球形的黄铜杯，而之所以会叫这个名字，是因为它们的设计者德国科学家奥托·冯·居里克（Otto von Guericke）曾担任过马格德堡市的市长。正常情况下，它们很容易就可以被拉开。不过随后，特纳的助手希思先生（Mr Heath）将两只铜杯之间的空气全部抽出。特纳从前排听众中找了两名志愿者，让他们试着将它们拉开。“尽管两个壮汉用尽全力，但还是不能将两个半球分开……甚至希思先生和我帮他们一起拉，也还是无济于事。”不过随着我们向太空深处探索，就会注意到这些压力正在慢慢消失，因为空气变得越来越稀薄，而我们已经将地球表面的大气层甩到了身后。

“或许我们现在会想，此刻已经可以和我们的老朋友，也就是地球，说声再见了，而它在很多方面都‘吸引’着我们。”特纳在开始第三场讲座之前如此说道。不过此时，他的关注点并不是用火箭飞船载我们离开这颗星球。取而代之的是，他准备用一台望远镜带着我们“遨游”，并在一开始拿它与“豪华汽车”对比。“任何人在拥有一辆汽车的时候，都会仔细地观察各个部位，而今天，我也需要让你们了解一下望远镜，以及望远镜的一些历史。”除此之外，用望远镜旅行真的比飞到天空遨游安全多了。“我想我恐怕是拿不到飞机驾照了，而且即使我真拿到了，或许也会遭遇事故。”他坦承道。

除了更加安全，我们还可以借助望远镜旅行得更快一些。“想象一下，你需要赶去太阳那里，哪怕给你两年的时间……那么你也需要每分钟飞行93英里（148.8千米）——这实在是太快了！但如果是通过望远镜，我们就可以‘飞’得更快。”光只需要8分多钟就能从太阳表面抵达地球。这场讲座的后半部分所讲的，基本都是望远镜的历史与机械构造，以及它们的镜片尺寸是如何逐渐增加的——从伽利略在17世纪时最原始的发明，到加利福尼亚州威尔逊山上的直径100英寸（2.54米）的巨大胡克望远镜。这台望远镜在此次讲座之后四年才建成，并且直到1949年都保持着“世界最大”的桂冠。1929年，埃德温·哈勃用这台望远镜发现了宇宙膨胀（见本书第51页）。

第四场讲座开始了，特纳讲道：“你们也许会觉得我们开始旅行前的准备时间有点久，毕竟你看六场讲座中的前三场都在讨论我们打算去哪儿……不过我发现，我们‘宇宙向导’般的伟大先驱也是这么干的。”他的主题很快转到了火星，并且特别提到了那些被某些人声称已经发现了的骇人听闻的“运河”。他将这一奇案比作一场审判：

法庭在判处一个人有罪之前，必须非常慎重，尤其需要谨慎的一件事，是不被他们喜爱或厌恶的感情左右。在火星“运河”这个案例中……有些人非常急于相信这颗行星已经有人居住，并倾向于跳转到任何看起来像是火星上有生命的暗示。其他一些人也是一样焦虑，他们觉得我们这小小的地球应该是整个宇宙中唯一有生命存在的地方。不过这个想法是不是太自私了些？

对于这个问题，特纳则是一位骑墙派：“我自己还没拿定主意。”

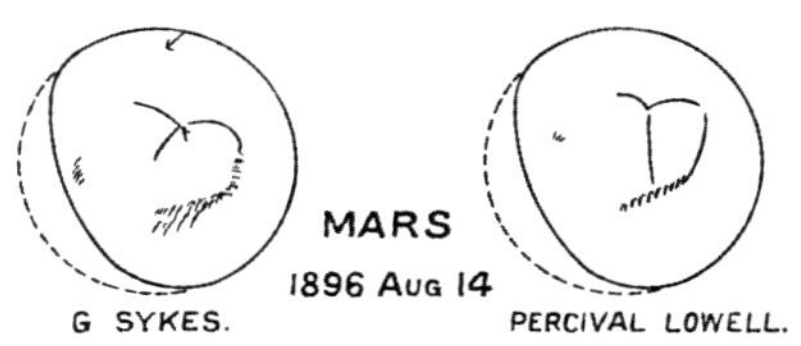

火星表面可以看到的“运河”素描图（左：G. 赛克斯绘制；右：珀西瓦尔·勒韦尔绘制；中：火星，1896年8月14日）

一些天体——包括月球与更外层的行星——非常寒冷，实际上可以说是极其寒冷，以至于那里的空气都会被冻起来。“在不久以前，还没有人见过被冻住的空气，甚至连液化的空气也没见过。不过如今你们这些幸运的年轻人可以很容易地看到，并且在这次讲座中，我们会进行一两次实验，展示一下液态的空气。”特纳解释道，“在这间讲堂的后面就有那么一罐。它冰冷刺骨……也许弄一点液化空气倒在一盆温水中，你就能看到它们最美丽的效应。它会制造出雪白的云……现在，如果有听众愿意拿起这些扇子把这些云扇走，他们就将看到，在云的下方，一小块冻上的糕状空气正在猛烈地冒着气泡。”

特纳有关液化空气实验的演示

第四场讲座是在证明“极寒”的实验中结束的，而第五场的主题是太阳系中最热的物体：太阳。作为光和热的使者，很多古代文明都会崇拜太阳。讲堂里的灯都已熄灭，此时我们正在享受排成一列的埃及神庙创造出的视觉盛宴，阳光只会在一年中的某个特殊的日子里才会照进一个开口。突然，一束光线由一盏灯笼投射而来，照亮了一身国王装束的小男孩，他是刚刚被趁黑放到讲台上的，“他的皇室装扮很值得大家为其鼓掌”。

对人类来说，太阳非常遥远。特纳解释道：

（我们与太阳的）真实距离是9300万英里（1.5亿千米），你也许会觉得这个距离不是很近。的确，如果我们打算乘坐一辆快速列车去旅行，这个距离真的不是很近。想象一下我们坐的是一辆时速60英里（96千米）的火车，那么我们就将需要175年才能抵达太阳。我想，根据英国通常的费率计算的话，返程票大概得耗资100万英镑。想想都觉得很神奇，地球每年完成的旅程是这一趟距离的三倍之远，却没有向我们收取哪怕一分钱。

特纳说，1610年，伽利略通过望远镜观测到太阳上的黑点，成为世界上第一个发现太阳黑子的人。三个世纪后，格林尼治皇家天文台通过观察发现，太阳会带着它们一起旋转，它们也会随着时间变化而移动。不过它们的出现仍然是个未解之谜。“我们到现在几乎还不知道这些黑子究竟是什么，以及它们是怎么产生的。”特纳说道。尽管如此，他还是提出了自己的简单想法：

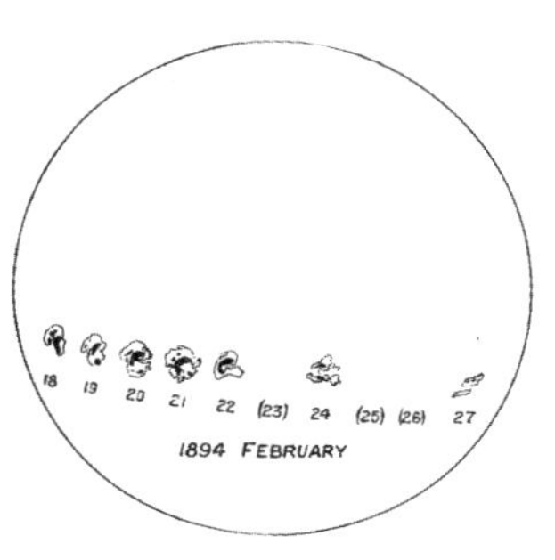

太阳黑子（1894年2月）

我去年一直在专门研究这个问题，并且发现我所想的正是这一难题的关键所在：我认为有一堆陨星正在绕着太阳旋转……现在我猜想这个陨星群高速旋转时距离太阳的表面有些太近了，因此其中一些陨星实际上就是擦着太阳表面掠过的，从而产生了太阳黑子……在这里我需要向各位坦白的是，其他很多天文学家尚未用非常友好的眼光看待我的这一想法：我想他们终有一天会开始接受它。

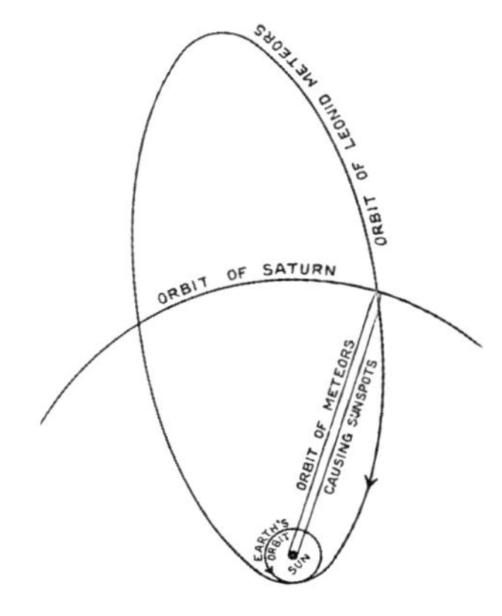

特纳有关太阳黑子起源的想法（自上而下依次为：狮子座陨星群的轨道；土星轨道；引起太阳黑子的陨星群轨道；地球轨道；太阳）

（实际上，他们不会再接受这个观点了。如今我们知道，太阳黑子实际上是一些磁活动集中的区域，从太阳内部向外传输的热量受此活动抑制。结果，这些区域的温度更低，也就显得更暗一些。）

在特纳开设讲座的那个时代，太阳的能量从何而来并不为人所知。开尔文勋爵曾经断言，所有的动力都来自引力收缩产生的热量。不过新近的发现——放射性改变了这场游戏。“我们发现还存在一种新的能量源可以提供能量，也就是原子分裂。”他说道。为了证明这一点，我们观察了一个实验。通过负载电荷将几片金叶隔开，随后取很少量的镭元素（具有放射性）靠近金叶。这些金叶逐渐靠近到一起，“说明电荷已经被消除了，而你仍然可以看到我实际并没有接触任何物品。事情的真相是从镭元素中发射出一些小颗粒：它们击打着金叶，带走了那些电荷”。我们如今已经知道，太阳的动力来源并非原子分裂，而是原子聚到一起，释放出能量。

我们在夜空中看到的所有一闪一闪的恒星，都不过是距离我们更遥远的“太阳”，而它们也是我们最后这场讲座的主角，听众席中很多人都很惋惜讲座已近尾声。根据《快讯晚报》（*Evening Despatch*）的一篇报道，“他们不得不带着些许遗憾，与这位和蔼的向导分离。几天的相处使他们早已将他视为良师益友，而特纳博士或许已经知道这一点，于是尽可能地将这段旅程延伸”。特纳告诉我们，尽管恒星看起来像是刻在天空中，似乎离我们一样近，但其实它们跟我们之间的距离千差万别。对此，他用先前某次讲座的照片进行对比：“那天，《每日镜报》（*Daily Mirror*）记者光临现场并拍下了我们所有人，他的照片是在一张平面的底片上显示的，但这并不会诱使我们去认为这屋子里的人都是平面的。我们都知道，有些人在前排，从而会显得更大一些……有些人则是坐在后排，就会显得更小一些。恒星的情况也是如此，大而亮的恒星很可能就是在前排……而非常昏暗的那些就处于后排了。”

当然，事实并非如此简单。“还有一个至关重要的错误我们必须避免。”他说道，“后排座位也许会有成年人，而前排也会有矮小的人。换句话说，也许有些明亮的星其实距离很远，而一些暗星却离我们很近。”星星会一直移动，但距离实在太远，因此我们人类终其一生也难以明显觉察到这一现象。一些恒星甚至会以双星系统存在，就像舞池里跳着华尔兹的一对舞者（见下页图）。

然而，实在没办法，帷幕总会拉上。“我已经尝试挑动你们忍耐力的底线了。”特纳说道，“我们刚才对星星的造访，远比我们过去完成的旅程艰巨……尽管如此，你们还是听得非常耐心，我只能在此表达自己最诚挚的谢意，并祝福大家新年快乐！”

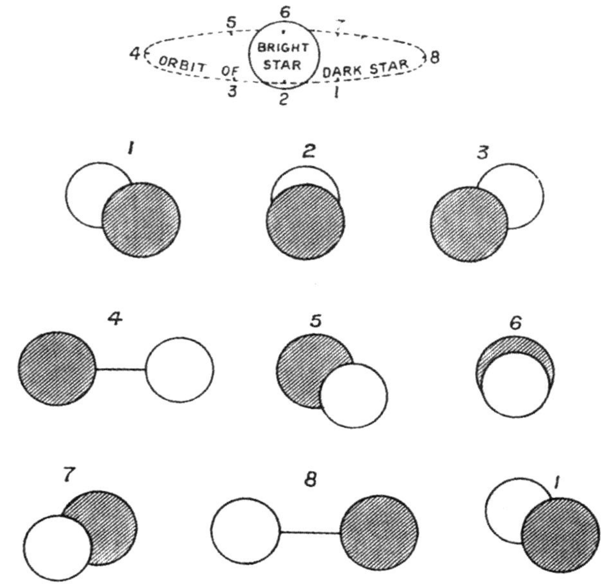

大陵五双星，实际上是一明一暗两颗恒星互相绕着对方旋转（中：亮星；外：暗星轨道）

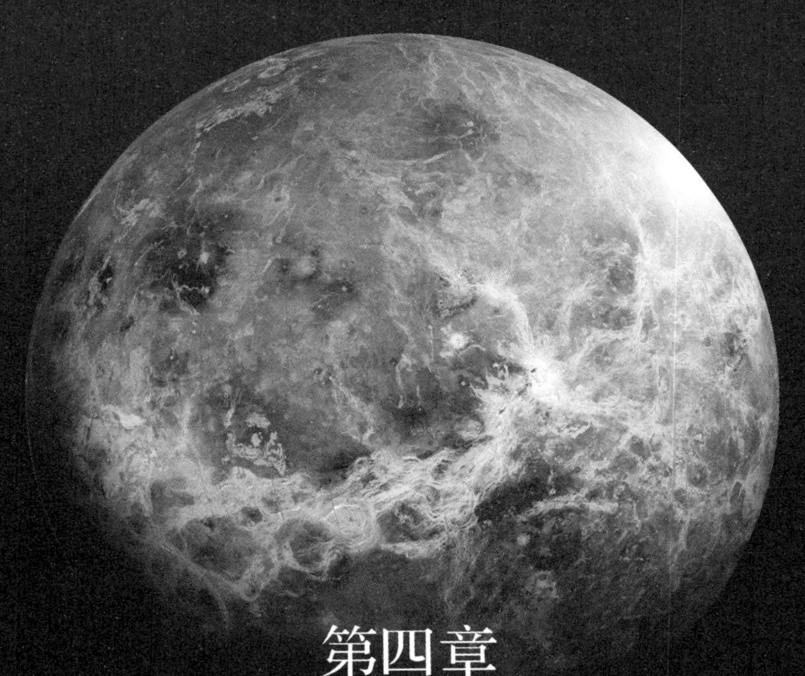

第四章

穿越时间与空间

詹姆斯·霍普伍德·金斯爵士

（Sir James Hopwood Jeans）

1933

✧

没有诗作歌颂过月球上的日出或日落。那不过就像开了一盏电灯那样稀松平常……那里没有与地球一样的多彩迷人的大气，也没有天空。

✧

不可思议的时空探索之旅

1. 宇宙中是否存在其他生命?
2. 地球的“孪生”行星是什么?
3. 夜空中可以看到多少颗星星?
4. 恒星是如何形成的?
5. 星云是如何形成的?

在这场后来成为二战前最后一场关于太空的圣诞讲座中，金斯给大家带来了激动人心的穿越太空之旅。演讲自地球的历史开始，而在到达那些遥远星系之前，我们将快速造访月球和更远的行星。金斯的演讲可以说是最受好评、备受尊崇的演讲之一，而这得益于他对年轻听众那种爷爷般的引导风格——他令他们激动万分。

“在（讲座进行期间）这些忙碌的日子里，我们每个人都将步履不停。”金斯在第108次圣诞系列讲座上如是开场。我们会随心所欲地旅行，直到“地球看起来比太阳光束下最微末的灰尘还要渺小”。不过一开始，他向听众介绍了我们自己的这颗行星。听众席究竟座无虚席到何种程度？事实上，爸爸妈妈们、叔叔阿姨们，甚至德高望重的教授们，都在假装没有留意到一些座位是专为孩子预留的。拥挤的人群只好溢流到了皇家科学院的图书馆，在那里观看讲座转播。

就像之前不少次圣诞讲座都曾做过的那样，金斯把一只悬挂于天花板上的巨大钟摆晃动了起来，以此来证明地球正在自转，以至于皇家科学院的讲堂也在跟着旋转。钟摆定时地一来一回，从未偏离它的直线轨道。然而45分钟后，它摆动时所到的顶点，却已处在房间里明显不同的位置——地球此时一定已经在我们的脚下发生了移动。［这一实验最初是由法国物理学家莱昂·傅科（Léon Foucault）于1851年在巴黎先贤祠完成，如今你仍然可以在那儿看到这个装置。］在讨论我们这颗行星年龄的时候，金斯先是提出了20亿年（如今我们知道地球实际年龄超过这一数字的双倍），随后他介绍了魏格纳（Wegener）的板块漂移学说，也就是认为地球的盘古大陆在过去数十亿年间发生了移动并分离的一种观点——在当时来说可谓是令人耳目一新。金斯称，这一概念“尚未得到科学家的广泛认可”。直到20世纪60年代，地质学家才从海床上找到一些证据，证实大陆确实在漂移。

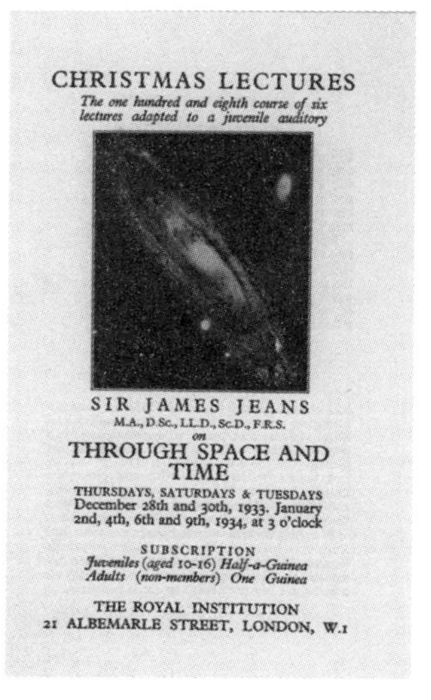

讲座安排表封面

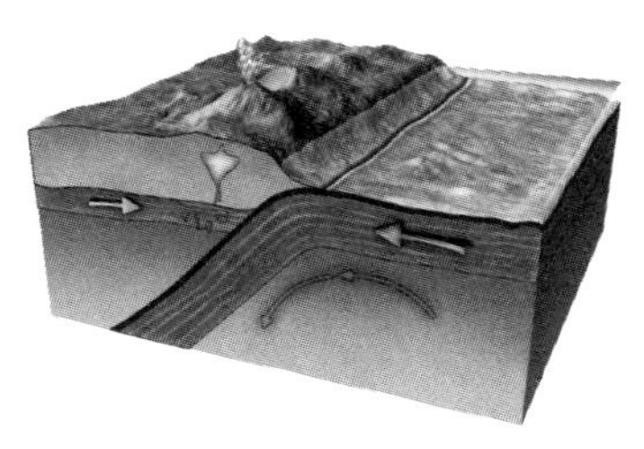
大陆漂移

然而孩子们最感兴趣的，还是金斯对地球上那些巨型远古“居民”的介绍，不过金斯也提醒他的听众，这些巨兽与苏格兰尼斯湖中存在的各种生命完全不同。事实上，这些恐龙是“不适于生存的生物”——对更灵活的竞争者无能为力，而这一属性为它们的灭绝埋下了隐患。他描述翼龙不能轻松行走，并解释说这个物种身体太重，大概也很难自行起飞。为了能够飞行，它们只能不断艰难地爬上山坡，然后滑向空中。“我觉得我们大概会为它们感到遗憾——它们的一生似乎在无止境地重复学习滑雪，却没有索道能够助它们一臂之力。”

詹姆斯·霍普伍德·金斯爵士（1877—1946）

詹姆斯·金斯出生在兰开夏（Lancashire），是英国天文学界的杰出人物。在剑桥大学三一学院接受教育之后，他于1906年当选皇家学会的研究员，而剑桥大学曾经汇聚过包括艾萨克·牛顿爵士在内的科学名人。1928年他被封为爵士。与亚瑟·爱丁顿（Arthur Eddington）爵士——参与证明爱因斯坦广义相对论的科学家——共同致力于宇宙学研究。

他最为人所知的工作是研究恒星的形成过程，以及它们如何从因重力坍缩的星际尘埃云中产生。1929年退休的他，是带着我们对宇宙进行详细回顾的最佳人选。

为了将这些反映地球历史的重大事件放入讲座背景，金斯通过一根18英尺（5.4米）高并划分成很多线段的长杆进行讲述，其中每一英寸（2.54厘米）都代表了1000万年。代表人类在地球上出现的时间仅仅占据了最上面的1/15英寸（1.7毫米），而代表文明人类出现的时间更是只有最上面的1/2000英寸（12.7微米）。说完了地球的历史，他又展示了月球在望远镜下的照片，让我们得以一瞥即将造访的地方。他估算，如果现在出发［按照大概每小时3500英里（5600千米）的平均速度前行］，我们将在周六的3点钟抵达目的地——正好来得及开始他第二场讲座。

不过诗人们要注意了：你们对月球的美好幻想将会破灭。很多民谣写手笔下那美丽与宁静的化身，并不是情侣们容身的地方。“没有诗作歌颂过月球上的日出或日落。那不过就像开了一盏电灯那样稀松平常……那里没有与地球一样的多彩迷人的大气，也没有天空。”金斯说道。那里甚至没有可供呼吸的空气。在将月球的望远镜照片投送到大屏幕上之后，他展示了一片斑驳的世界，覆盖其上的只有一些毫无生机的多山高原，就跟纳尔逊上将纪念碑［译注：Nelson’s Column，位于英国伦敦的一座著名圆柱形纪念碑，为了纪念在1805年殉难的霍雷肖·纳尔逊（Horatio Nelson）。在一场战役中，英勇善战的纳尔逊战胜法国、西班牙联合舰队，阻止了拿破仑的进攻计划］一样幽暗冰冷。《阿伯丁新闻》（*Aberdeen Press*）在1934年1月1日对这一讲座的报道中写道：“如果听众席里有诗人的话，他们八成会回到家，把他们写过的那些充斥着月亮的十四行诗扔到火堆里。”

然而，对无畏的旅行者来说，月球也并不是没有馈赠。由于质量比地球小得多，它的引力也要弱得多——大概是我们习以为常的地球引力的1/6。因此，根据金斯所说，我们不费吹灰之力就能打破自己的运动纪录。他经过计算后讲道：“一名优秀的跳高运动员应该可以跳到约36英尺（10.8米）高，而一名说得过去的跳远运动员起码能跳120英尺（36米）。”他还设想了一下在月球表面上玩板球的画面：“如果不想让比赛变成纯粹击球手的运动，场地必须达到地球上场地尺寸的6倍。糟糕的是，所有这些都将使比赛的节奏只有地球上的1/6那么快，也许……根本称不上比赛了。”金斯接着开始证明月球表面的环形山是如何被陨星撞成的。根据报道此次讲座的《每日电讯报》（*Daily Telegraph*）描述：“在大家极度且难以抑制的兴奋之下，火药矿石在沙箱中被一个电火花点爆，环形山的形成过程便是如此。”

《每日邮报》（*Daily Mail*）关于金斯演示环形山形成的插图（右上：全神贯注的听众；下：嘭！）

在摒弃了有关月亮的神话之后，金斯的第三场讲座主题转到了行星以及它们是否有生命存在的问题。就在此前四年，冥王星刚刚被发现，故而共有九颗行星。我们被告知它们都以相同的方向沿着轨道绕太阳旋转，“就像一种单行道的交通方式”，除了水星、金星与冥王星之外都有卫星。（冥王星已经不再被划分为行星，它在2006年被列为矮行星，但我们现在知道它至少还有五颗在轨卫星。）金斯还详细介绍了当时最新研究中有关木星的第十颗卫星存在的可能性（如今我们知道它至少拥有67颗）。

在介绍水星这颗距离太阳最近的行星状况之时，金斯说造访者也许会感觉像是“一片被炙烤的羊羔肉”，因为水星表面的温度达到了令人窒息的430℃。当话题转到金星时，他的描述却与现代天文学家之间存在着很大差异。金斯将金星描绘成地球的“孪生”行星，并说道：“水也会以液态的形式存在……因此我们应该有希望看到海洋或河流……和地球上非常相像。”（然而，今天我们知道金星是太阳系中最炎热的行星，平均温度超过了450℃。）

在讨论火星可居住性的问题时，金斯说天文学家们尚未找到彼处存在氧气的直接证据，如果我们想去访问，就得自己带上或者制造氧气。对于此前很多圣诞讲座讲者都提到的著名“运河”，他表示怀疑：“天文学家的主流观点……是否认这些猜测中的‘运河’有任何真实存在的可能性。”话题转到木星之时，他解释称，即便不会因氨气过多而咳嗽、打喷嚏、流泪，我们也不会享受在那里的旅行奇遇。土星更没有什么魅力，因为气温太低，甚至连氧气也变为液态的了。金斯随后通过向一碗液氧中投入一小块加热过的木炭证明了它的性质。氧气是火焰燃烧时所需的“燃料”，而液氧甚至比它的气态兄弟具备更强的反应性，因此液体在几秒内就燃烧殆尽，并产生令人目眩的白光，这也是让听众兴奋的地方。金斯根据这些条件总结认为，我们可能是太阳系中唯一的居民："在这鬼魅世界的永恒征途中，我们是唯一有生命的成员。"

然而，如果说太阳系的规模已经大到难以理解，那么星系之间的间隔就没什么东西可以比拟了。"在一只大概1000英里（1600千米）长、1000英里宽、1000英里高的笼子里放上6只大黄蜂，让它们闭着眼睛乱飞，我们就造出了有关恒星间距的模型。"金斯在第四场讲座中讲道。将黄蜂的速度降到蜗牛步速的1%，差不多就能代表它们相对运动的速度。毫不奇怪，它们看起来就是固定不动的。

虽说太阳相比它这一家族的行星来说似乎显得非常庞大，但对比最大的恒星，它小得可怜。"6400万个太阳大概可以比拟一颗这样的巨型恒星。"金斯一边解释，一边抓起一枚小戒指与一个直径为10～12英尺（3～3.6米）的圆环对比。（如今我们已经知道甚至还有更大的恒星存在，例如大犬座VY与盾牌座UY，它们可以装下差不多25亿个太阳。）它们释放的能量也非常巨大。"一些恒星表面的每平方英寸（6.5平方厘米）都可以产生50万匹马力的功率（相当于每平方厘米有5.7万千瓦的功率），这足以供应整个伦敦的能源，或是让不列颠群岛的所有铁路线都能运转。"不过并不是所有恒星都采用和太阳相同的方式释放出巨大能量。人类的耳朵可以听到10个八度的声频，但人类的眼睛只能看到光谱上的一个"八度"。其实很多遥远的恒星所发射出的大部分光线，都处于我们不能看到的"八度"——例如紫外线或X射线。

金斯从听众席中拽出贝蒂·格林（Betty Green），她的父亲威廉·格林（William Green）担任皇家科学院讲座与实验室助理长达50年（1900—1950）。通过化装，她扮演了一名来自天狼星系行星的外星人，而天狼星是一颗紫外恒星，也是夜空中最亮的星。金斯告诉她，她已经被邀请参加2034年的一场派对。根据次日出版的《爱丁堡晚报》（*Edinburgh Evening News*），在紫外线（UV）下，她显现出“闪闪发光的金色脸颊，一双粉色的眼睛中瞳孔明亮而又具穿透力，以及乳白色的牙齿”，这就是你造访天狼星系的行星系统时将会看到的情景。

此刻我们已经知道这些恒星到底有多远，接下来注意力就该转向它们的总数了。“（夜空中）可以看到多少颗星星？”金斯在开始他的倒数第二场讲座时，如此问他的年轻听众。这个问题的答案大概不会是你所想象的数字。对人眼而言，有5000颗星星足够明亮，可以被看到，但其中只有2000颗会同时出现在夜空中，因为它们也会像太阳那样升起落下，所以并非全部星星同时可见。他用幻灯片向听众展示了一些为人熟知的星星，其中包括北斗七星（大熊座）。

不过他透露，在我们这个车轮状的银河系中，共有2000亿颗恒星在不停地旋转。这足以让地球上的每一个人都拥有其中100颗（1933年全球人口只有大约20亿）。然而，由于我们只能看到其中的5000颗，金斯提醒到，你很有可能并不会见到你被分配到的那颗。这个恒星的集合——我们称之为“银河”——如此庞大，以至于我们的太阳完成一次绕行需要2.5亿年。这也就意味着在人类文明发展的6000年里，太阳绕着银河系运动的角度“不过是钟表上的时针在一秒内转过的角度”。

接下来，金斯讲到了他的专业领域：恒星的形成过程。他详细描绘了当大量气体与星尘在自身引力作用下发生坍缩时，新生的恒星如何从云状的“茧”中孵化而成。星云开始坍缩时，便会旋转得越来越快，这很像滑冰运动员收回手臂时的状态。金斯说，这一点也许可以说明为什么很多恒星会以双星的形式出现——它们在分离之前是以“连体双胞胎”的形态出现的，但分离后“依旧如亲兄弟一般紧紧相连”。为了证明这一点，他向一只快速旋转的玻璃罐中滴了一滴油，不过令他吃惊的是，油滴分裂成了三部分，而非他所计划的两小滴。

金斯将我们的注意力拉到整个宇宙以及我们所能观察到的最遥远的星系，并以此来总结他的演讲。“看起来好像宇宙经历过一次爆炸，就像炮弹在战场上爆炸那样，而我们就附着在其中一块正在飞行的碎片上。”他所探讨的正是距当时尚不足五年的最新科学发现，即宇宙正在膨胀。不只是我们银河系中数以千亿计的恒星，也包括很多相似的星系，它们彼此之间都在越飞越远。世界上最大的望远镜可以分辨出200万个这样的“星云”（那时的科学家们给它们起了这个名字）。星系距离我们越远，似乎远去的速度就越快，有些似乎可以达到每秒15000英里（24000千米）。不过，这些星系并非真的在太空中移动，而是之间的空间在伸展，使这些星系发生分离。为了从视觉上进行模拟，金斯吹起了一只气球，用来代表膨胀的宇宙，让聚精会神的听众将太空想象成气球的表面。如果在上面画上一些圆点代表星系，那么尽管它们没有真正在橡胶上发生移动，还是会随着膨胀互相远离。

金斯特别谈到了距离我们最近的大星系——仙女座，并说起它远在80万光年（1光年≈94605亿千米）以外。这也就是说，我们如今看到的仙女座星光，在太空中旅行了80万年才抵达这里。（当你知道现代测算的仙女座与地球之间的距离为250万光年时，也许还会更加沉默。）金斯指着一张宽4英尺、高2英尺（1.2米×0.6米）的仙女座照片，随后说，要想让太阳以一颗光点的大小等比例地呈现，他需要把这张照片放大到整个欧洲那么大。

为了说明为什么我们会觉得星云朦朦胧胧的，金斯向一只玻璃碗中注入了一些香烟的烟雾。星云之所以看起来像云，是因为那里的尘埃与气体构成了烟雾，跟碗中的烟雾导致其不透明是一个道理，我们则在努力地看穿它们。接着这位演讲者、天文学家向听众席中发射了一些美丽的烟雾光圈，于是无论男孩还是女孩——甚至还有他们的祖父们——都跳起来试着去抓住它们。

次日出版的《约克郡邮报》（*Yorkshire Post*）报道了这场讲座的尾声："一个狂热的小男孩为詹姆斯爵士高呼三声，一大群听众带着签名本和问题，蜂拥到了他身边。"

以下内容来自档案

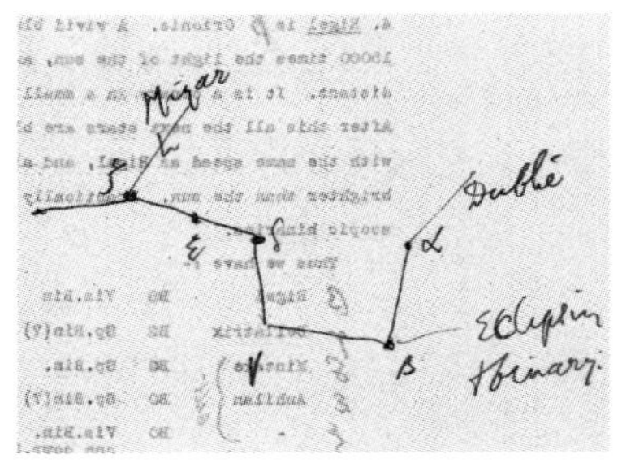

在金斯为第五场讲座准备的笔记中，他潦草地在其中一页的背面画了一幅群星图，那就是北斗星。或许即便是最伟大的天文学家，也需要时不时地给自己一些来自天空的提示。

在一张满是注解的手稿上，我们可以看到金斯的计算——如果我们瓜分银河系所有的恒星，地球上每个人将会分得大概100颗。我们还可以看到他对恒星在银河中的运动与钟表秒针进行对比的计算。

《每日邮报》在1934年发表的一篇文章用溢美之词盛赞了金斯的第一场讲座："这些实验颇有启发性……月球上噩梦般的奇异地形在屏幕上闪烁着微光，地球早期的巨型爬行动物如此吓人却也如此滑稽，以至于孩子们被深深吸引，向前探着身子坐着，手托下巴，自始至终凝神屏息。"

LECTURE VI - Nebulae.

How to measure distances.

Parallax impossible.

Standard lights - blue stars, novae, variable stars - long period and Cepheids.

Hence distance of globular clusters.

(1) Slide of M.13.

Hence dimensions and shape of galaxy.

Galaxy in rotation.

Speed of sun and of rotation.

Sun would fly like speck of mud.

Gravitational pull holds.

Hence weight of galaxy = million stars

100 stars per person - only a few get visible stars.

One in 40 million visible.

Moon obscures 1 million on average

Eye sees only stars.

Telescope shews nebulae = mists.

Three classes of Nebulae.

(1) Planetaries are atmospheres round stars.

3 Slides of planetaries.

(2) Owl nebula.

(3) Dumb-bell nebula.

Shew model.

Rocket would take 9 years to traverse Antares, but 90,000 years to traverse these

Central stars white dwarfs.

(4) Ring nebulae.

(2) Galactic nebulae are atmospheres round constellations.

第五章
生活中的天文学

哈罗德·斯潘塞·琼斯爵士

（Sir Harold Spencer Jones）

1944

✧

想象一下，星光如同雨点坠落一般抵达地球，而地球是一把伞。雨从上方垂直坠落，但如果你走进雨中，就会觉得雨滴是略微从前方敲打着你的伞。

✧

不可思议的时空探索之旅

---

1. 恒星的运行方式是什么？
2. 夜空中最亮的是哪颗星？
3. 一天、一个月、一年分别都是如何计算的？
4. 位置线是什么？

太空通常可以被视为一个遥远的地方，某种程度上说，它可以和我们在苍穹之下奔波的地面生活隔离开来。在任何人或者机器未能探索太空的时候，这种被割裂的感觉尤其真切。因此，在这场于二战期间进行的系列讲座中，斯潘塞·琼斯着手向他的小听众证明了太空对我们所有人究竟有多重要。

我们将会从地球开始说起——就像之前很多次太空主题的圣诞讲座那样，后来也还将延续这一点。我们这颗行星并不像很多先贤想象的那样固定不动，实际上，它是在自己的位置上旋转，这也就意味着星体从天空中划过的运动其实是一种假象。《泰晤士报》1944年12月29日关于首场讲座的报道如此写道："在弄明白那些恒星就像太阳一样在天空中画上一圈轨迹之后，孩子们第一次在屏幕上窥见了五大行星。这也让他们摒弃了星星是镶嵌在水晶球上的固有想法。"

证实地球正在转动的证据已经在一场经典的圣诞讲座中得以展

示，那是借助皇家科学院大讲堂屋顶上悬挂的大钟摆证明的（参见第44页）。地球的自转，意味着我们看太空的视角也在变化，因此对我们而言，星星看起来就像发生了移动。更确切地说，有一个例外——北极星，古人也称之为紫微星（帝星）。不过，即使是北极星，也并非绝对固定不动。当斯潘塞·琼斯证明参照北极星标记的自转轴并不像莎士比亚在《裘力斯·恺撒》中所说的那样固定不动，听众席中再一次爆发出了惊呼。在这部剧的第三幕第一场中，恺撒说道："然而我就像北极星那样坚定不移，像它那样拥有真正恒久的品质，在这苍穹之下再没有第二个人像我这样。"

事实上，我们的行星就像陀螺一般在晃动——尽管斯潘塞·琼斯断言他的听众对飞机和坦克的模型更为熟悉，对于这种很基本的玩具或许缺乏足够的实际经验。因此，他的助手抽起了陀螺，于是我们看到它开始绕着它的旋转轴左右摆动，这种运动叫作进动。地球受其他行星的引力影响，因此会做出类似的运动。结果，每26000年，我们这颗行星的旋转轴便会在空间中留下一个假想中的圆圈轨迹，这就意味着，北极点指向北极星的时候，不过是指向了这个圆圈上的一小段。《每日邮报》1944年12月29日的报道称："当他解释了真正的恒星运行方式后，他收到的喝彩声不亚于一个哑剧明星。"

CHRISTMAS LECTURES
The one hundred and fifteenth course of six lectures adapted to a juvenile auditory

Sir HAROLD SPENCER JONES
M.A., Sc.D., F.R.S.
Astronomer Royal
on
ASTRONOMY
IN OUR DAILY LIFE
Illustrated by Experiments
THURSDAYS, SATURDAYS & TUESDAYS
December 28, 30, 1944, January 2, 4, 6, 9
1945 at 2.30 p.m.
SUBSCRIPTION
Juvenile (aged 10-17) Half-a-Guinea
Adult (non-member) One Guinea

THE ROYAL INSTITUTION
21 ALBEMARLE STREET, LONDON, W.1

讲座安排表封面

在他的第二场演讲中，斯潘塞·琼斯继续讲述我们在夜空中可以看到些什么，以及因为地球绕日运动，我们观察那些星座的视角会如何变化。比如天狼星——这颗夜空中最亮的恒星还有个昵称是“狗星”（Dog Star），在夏天闷热难耐的日子里，会与太阳同升同落，所以才有了俗语“狗天气”或“狗天气结束了”。它之所以如此明亮，是因为它是距离我们最近的恒星之一，位于猎户座的左边，冬夜里可以在著名的猎户座腰带三星的延长线上找到它。

天狼星所属的大犬座

哈罗德·斯潘塞·琼斯爵士（1890—1960）

1913年，斯潘塞·琼斯成为格林尼治皇家天文台的首席助理。10年后他搬到南非，并成为好望角皇家天文台的主管，在这个职位上他又工作了10年，直到1933年回到格林尼治，接受了格林尼治皇家天文台主管这一德高望重的职位。他最出名的，也许是他在1957年写下的一段略带惋惜之意的评论：“在人类登上月球之前，或许将有几代人为之奋斗至死……他们最终也许会成功做到这一点，但成功回到地球的可能性很渺茫。”事实上，人类仅仅在他写下评语之后12年便将脚印留在了月球之上——并且成功返回。

我们这颗行星的轨道运动还造成了一种光行差效应，这是詹姆斯·布拉得雷（James Bradley，斯潘塞·琼斯的前几任格林尼治皇家天文台主管之一）在1725年发现的现象。由于我们在围绕太阳旋转，一些星体实际上是偏离它们真正的位置而出现在我们的视野中的。想象一下，星光如同雨点坠落一般抵达地球，而地球是一把伞。雨从上方垂直坠落，但如果你走进雨中，就会觉得雨滴是略微从前方敲打着你的伞。

我们讲座的焦点随后转向地球绕轨运动时与太阳间的距离。根据《泰晤士报》1945年1月1日的一篇报道，“当这位格林尼治皇家天文台主管在黑板上计算出地球与太阳的距离后，他开始谈到由开普勒发现的其他行星运行规律，而他的计算速度足以令初出茅庐的数学家咂舌欢呼”。17世纪早期，德国天文学家约翰内斯·开普勒发现了行星运动三大定律，其中有一条描述的是行星与它的恒星之间的距离关系，以及它需要多久绕行一圈。行星距离恒星越近，它绕行的时间就越短。事实上，开普勒发现，所有行星轨道半长轴的三次方跟其公转周期的二次方的比值都相等。

此时此刻，你们大概会想知道，地球的运动从哪些方面影响了我们每一天的日常生活。不过直到第三场演讲，花样才逐步展开：我们的行星就是一只巨大的钟表。我们也许不会一直注意到这一点，但我们的时间系统其实是基于地球运动的：一天，是地球自转一周所需的时间，而时、分、秒不过是这一周期等分后的结果；一个月，大约是月相重现所需的时间；一年，则是我们这颗行星完成绕日运动的时间。人类已经发明出很多精巧的方法，在过去数个世纪里记录时间，斯潘塞·琼斯也给他的听众展示了大量案例。他讲到一个古代的刻漏，也就是水钟，那真的是相当不精确，每小时能多走15分钟；他还提到一种沙漏计时器，只能计19分钟，然后就需要倒转过来。我们看到了18世纪的一款油钟以及很多日晷，其中最令人称奇的，是莎士比亚时代流行的一种可随身携带的小型日晷。

然而，最精确的计时方式并非孤立地观察太阳，还要参照很多星星，毕竟它们的数目要大得多。在仅仅一天的间隔中，同一颗恒星会跨越（通过）一条子午线——地球北极到南极之间的一条假想线。斯潘塞·琼斯向我们介绍了格林尼治皇家天文台那台著名的爱里子午环望远镜，借此可以实现子午线观测，而国际本初子午线的设定就是基于它的位置。（在讲座进行的时候，这台望远镜差不多已有百年历史，已被用于观测恒星通过75万次。）他解释了世界是如何被从东向西划分成24个时区的，每一个时区与相邻时区之间都会间隔一小时，其时间差几乎都是基于格林尼治同一台望远镜测算的结果。想象一次逆着地球自转方向环游地球的长距离旅行会是什么样。当被问起这个问题时，听众感到特别疑惑——你抵达与你出发有可能在同一时间点！

不过，要想算出你在格林尼治以东或以西多远（你所在的经度），并不总是那么容易。你在赤道以北多远（你所在的纬度）可以很容易地根据北极星与地平线之间的交角计算出来，然而在海上确认经度的方法，让海员们苦寻了几个世纪，即便是哥伦布也被搞糊涂了。根据《泰晤士报》于1945年1月5日发表的报道，斯潘塞·琼斯在第四场讲座中谈道："当一场惨烈的暴风雨在（哥伦布）自巴哈马回程之时袭击了他的三条舰船后，（他）脑中闪现了一个十分困惑的问题，那就是如何确定他这几叶扁舟的具体位置……而在当时，这个问题超出了他的能力，也超出当时任何人的思维所及。"

由于导航判断错误，太多的人在巨浪中丧命，太多的宝藏在惊涛中沉海，因此1675年，皇家天文台在格林尼治建成了。第一位格林尼治皇家天文台主管约翰·弗拉姆斯蒂德（John Flamsteed）被委以重任，寻找一种在海上确定经度的天文方法。当时所设想的办法，是编制出一份长长的星星位置表，也就是一本关于恒星的年鉴，这样海员们就可以找出他们要走的路了。斯潘塞·琼斯告诉大家，弗拉姆斯蒂德领到的月薪不过100英镑，此外给他配了一名“愚蠢而又坏脾气的助手”。

然而，最终确定经度的问题并没有采用天文方法解决，而是在一项发明——一种精确到令人难以置信的时钟——之后实现的，它可以在漫长的航海过程中与恶劣的使用环境下保持准确计时。在离港之前，将这样一台精密计时器与格林尼治进行对时，海员所处当地的时间则通过太阳在中午爬到一天之内最高点时进行确定，利用两个时间之间的差便可以换算成经度。这种非凡的精密计时器，其发明人是钟表匠约翰·哈里森（John Harrison），而最终解决经度难题的装置也就成了大家熟知的H4。斯潘塞·琼斯从格林尼治皇家天文台借出了这个堪称无价之宝的工艺品向听众展示，并且允许他们在讲座行将结束时进行操作。

斯潘塞·琼斯接着解释说，我们曾经为了组建精密时钟付出努力，某种程度上来说就是“自讨苦吃”。事实上，我们如今的时钟计时比地球自身还要精准。他揭示出，石英晶体钟是此时已经出现的最精密时钟，它每天的时间误差只有千分之一秒。然而，地球自转周期也会发生轻微的变化，在1918年前的半个世纪里，它已经变慢了一秒的百分之四到百分之五。更新的计时技能，意味着我们可以监测正在变化的地球自转速度。

在第六场也就是最后一场讲座中，我们又回到了导航技术，但这一次我们听到的是，在这场蔓延全球的战争中，太阳和星星是如何被“武装”到军队之中的。我们听说了“位置线”的重要性，它们是在地图上画下的轨迹，代表你所处的大概位置范围。几条位置线的交叉点，代表的就是你所处的精确方位了。在这一导航技术的发展史中，有一个关键角色——托马斯·萨姆纳（Thomas Sumner，1807—1876）船长。萨姆纳在19岁时便跑到了纽约并结婚，但这段婚姻仅仅持续了三年，二人最终劳燕分飞。于是他应召成为对中（国）贸易路线上的一名船员，也正是在此期间，他发明了一条如今被称为“萨姆纳线”的定位线。他注意到，只是通过观察太阳高于地平线的高度，你便可以测算出自己在地图上的大致位置。一般而言，你距离赤道越近，太阳在天空中的高度就会越高。

两名皇家空军的飞行员随后向我们证明了天文定位仪的导航威力，这是一种在空中借助星体简单测算位置的仪器。我们还观看了一段视频，阐明了星体与星座如何被连接到一起，以及为了夜间飞行导航，怎样轻松辨别它们的方位。在第二次世界大战期间，在闪电袭击与不列颠战役的硝烟记忆尚未消散时，天文学在我们日常生活中的重要意义不言而喻。

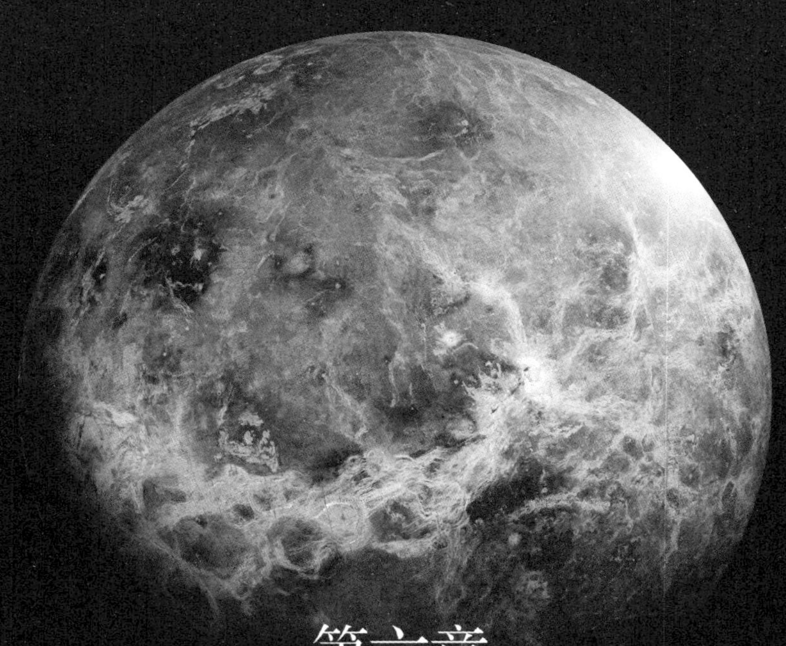

第六章 对宇宙的探索

伯纳德·洛维耳爵士（Sir Bernard Lovell）

弗朗西斯·格雷厄姆-史密斯爵士（Sir Francis Graham-Smith）

马丁·赖尔爵士（Sir Martin Ryle）

安东尼·休伊什（Antony Hewish）

1965

✧

在夜空中，银河就像是一座满是尘埃的

彩虹拱门。

✧

不可思议的时空探索之旅

1. 恒星会一直存在下去吗?
2. 宇宙是一直就存在，还是在什么特别的时刻才开启了这一切?
3. 宇宙大爆炸理论是什么?
4. 宇宙微波背景是什么?

这一年的皇家科学院讲座很不寻常地安排了多位讲者，不过倒也不是史无前例。这一安排最终成为点睛之笔，因为我们听到了四位来自射电天文学——一种利用无线电波观测星体的较新技术——领域杰出先驱的声音，并且直接见证了正在成形的宇宙奇观。这一系列讲座，也是1957年与1961年人类与机器分别进入太空之后，首次有关太空的讲座。

除了我们可以看到的光波外，地球无时无刻不在经历着辐射的洪流。在第二次世界大战之后，最新的军事技术都被用于和平目的，射电天文学得到了蓬勃发展。在这场讲座举办的时期，自太空传来的无线电波被深入探索，天文学家们也由此吸收了大量新信息。正如休伊什在系列讲座第一场中所解释的，太空中的物体的辐射具有很宽的能量范围。我们的眼睛只能看到整个光谱图中很窄的一段——我们称之为可见光。不过光谱中的其他部分我们其实也很熟悉了，包括X射线、

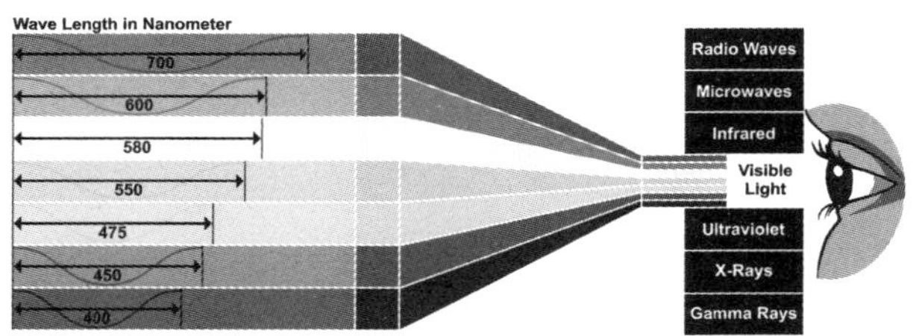

光谱

微波和无线电波。“要想知道我们身边的宇宙正在发生什么，我们就必须探测并分析抵达地球的各种辐射。”他如此讲道。然而，“多数辐射在大气层中很高的位置便被拦截，永远不会抵达地面”。只有两种类型可以通过：可见光与无线电波。

在全光谱上，每一种光都有着典型的波长——波在一个振动周期内传播的距离。比方说X射线，它波长极短，具有优越的皮肤穿透能力。无线电波的波长最长（这也是为什么我们会利用它们发送远距离的信号）。休伊什解释称：“射电望远镜所处理的波长，约是（可见）光的100万倍……必须比常规望远镜大得多……才能收集到更多可测的能量。”当时世界上最大的射电望远镜位于焦德雷尔班克（Jodrell Bank）天文台，其直径达到令人匪夷所思的76米，后来以伯纳德·洛维耳的名字命名。“迄今为止，这些射电照片为我们揭示了如此震撼的细节特征，可以说为了造出更大更强的观测设备，没有一丝努力是白费的。”

洛维耳的第二场讲座成为这次系列讲座的焦点，他要讲的主题是太阳系。“对太阳系的深入探索，过去这10年是举足轻重的，自地球发射火箭飞行器进行太空旅行的可能性，极大地刺激了这一进程。”这场讲座是在1965年12月30日进行的，就在同一天，《泰晤士报》刊

伯纳德·洛维耳爵士（1913—2012）

洛维耳在第二次世界大战期间研究雷达系统，在此之后，他建成了著名的焦德雷尔班克天文台，紧挨着麦克尔斯菲尔德（Macclesfield）。在那里，他主持建造了后来世界上最大的可操控射电望远镜——如今享誉盛名的洛维耳望远镜。其完工时间恰在1957年10月第一颗地球人造卫星“斯普特尼克1号”被送入轨道前几个月，从而有能力接收到它的信号。这一望远镜也是冷战中对苏联核打击威胁的预警系统中的一部分，洛维耳后来宣称苏联曾因此试图将他毒害。

登了一封洛维耳为捍卫太空探索而写的公开信。这是对某个皮拉尼博士（Dr Pirani）的回击，后者之前曾声称这些探索任务对科学而言微不足道。洛维耳辩称，对地球周围俘获粒子的发现与研究，对行星之间的磁场及等离子体和太阳风的测量，都真切地变革了我们对地球地质环境及太空的观念。

在讲座中，洛维耳讨论了对行星之间的空间的一些发现，其间还给我们展示了一个太阳耀斑（太阳表面的一种爆发现象）的模型，这是从曼彻斯特一路南下送过来专门为讲座准备的。我们也可以听到太空噪声的直播，这是洛维耳与邮政总局间达成的合作，直接建立了一

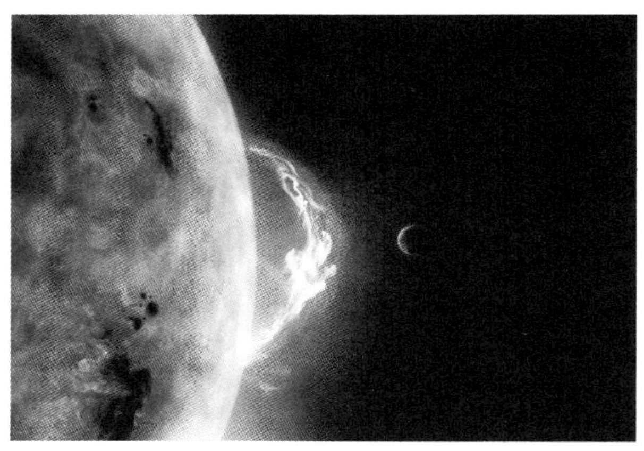

太阳耀斑

条从焦德雷尔班克到皇家科学院的电话专线（见第182页）。

格雷厄姆-史密斯在他的讲座中探究了“作为行星的地球”，关注了最近在地球高空大气中的一些新发现。“很久以前就已经采用气球和无线电方法进行探索了，但直到火箭与卫星所携带的设备得到应用，探索才延伸到了比过去高得多的高度。在这些最值得关注的结果之中，有一个是范艾伦带（大气层高处荷电粒子因地球磁场而被束缚的区域）的发现。”在木星周围，也发现了相似辐射带的存在。

洛维耳随后开始的讲座将话题转到对银河奇观的探索。在夜空中，银河就像是一座满是尘埃的彩虹拱门。“当我们凝视银河之时……我们看到的是数以百万计的星星围绕着太阳系散发的光芒。这些星星是银河系的一部分，而银河系是一个巨型凯瑟琳之轮形状的恒星集团（译注：凯瑟琳之轮是基督教中的一个图形，一般是边缘插刀的车轮，旋转的圆形烟火也可以产生类似形状），广阔到光都需要10万年才能横跨它。”通过观察这一恒星集团的移动方式，就可以很清

弗朗西斯·格雷厄姆-史密斯爵士（1923—　）

格雷厄姆-史密斯于1964年在焦德雷尔班克天文台获得职位，并与洛维耳共事。在加那利群岛的拉帕尔马（La Palma）火山岛上建立一套世界级望远镜的项目中，他扮演了关键角色，而这些望远镜如今仍然是地球上最好的天文观测设备之一。1982年至1990年，他担任第13任格林尼治皇家天文台主管。

楚地发现我们的银河系正在旋转。然而，银河系中有太多尘埃会阻挡我们的视线。幸运的是，无线电波可以穿透这些尘埃，给我们带来视线未及之处的有价值的信息。“射电天文学家已经能够挑选出由气态氢发射出的无线电波，它们不会受尘埃的影响，从而给出非常清晰的呈现银河系形状的图片。”洛维耳说道。

射电望远镜让我们得以知道更多超大恒星在生命最后时期的死亡方式。“特别让人感兴趣的是那些变得不稳定并爆炸的罕见恒星。”洛维耳继续讲，“银河系中充满过去爆炸产生的碎片，我们可以对很多碎片发射的无线电波进行研究。”（就像休伊什即将发现的脉冲星那样——见休伊什生平简介。）

我们的最后两场讲座由赖尔主持，他一开始便将我们的注意力拉到了射电星系上，那是“发射”大量无线电波的恒星集合。“当射电

安东尼·休伊什（1924—　）

休伊什为天文学历史上最伟大的发现之一做出过贡献。1967年，他和他的学生乔斯林·贝尔-伯内尔（Jocelyn Bell-Burnell）一道研究了第一颗脉冲星——一颗已死亡的恒星的致密内核，发现其可以发射出无线电波脉冲信号。这些脉冲信号相当有规律，让人不禁猜测它们或许是某个地外文明的杰作——于是贝尔-伯内尔与休伊什便将他们的第一个发现命名为LGM-1（“小绿人1号”）。

望远镜开始记录天空时，最初获得的天文图与一般星图有着很大不同。经过多年的仔细研究之后才发现，射电图谱上的这些目标可以被充分地精确定位，因为其中有一些是可见的。”很多这样的射电源其实都是远方的星系，它们坐落在我们银河系遥不可及的宇宙边缘。“这些‘射电星系’发射出的无线电波，比我们的银河系这样的一般星系要强上100万倍。”他讲道。他承认，要解释为何会是这样，“给天体物理学家们带来了巨大挑战”，同时他也让我们去想一想这些能量源会是什么（如今我们知道这些星系的中心有质量超大的黑洞，可以消耗物质并释放出巨大能量，但在1965年时，如此极端物体的存在与天文常识相悖）。

在讲座结束之前，赖尔说起了宇宙学——一门将宇宙作为整体研

马丁·赖尔爵士（1918—1984）

赖尔是一位射电天文学先驱，通过新技术观察星系，其距离远超过前人所能企及。他在1966年获得一枚骑士奖章。1974年，他还与安东尼·休伊什分享了当年的诺贝尔物理学奖，后者与他共同主讲了1965年的圣诞讲座。这是诺贝尔奖第一次颁发给了天文学领域。他在1972年至1982年间担任格林尼治皇家天文台主管。

究的学科。“宇宙是一直就存在，还是在什么特别的时刻才开启了这一切？”他问道，“为了在这一问题上有所突破，就必须尽可能用最大尺度对宇宙进行研究。”这也就是说要看到最遥远的星系，而赖尔也因此名扬天下。这些星系的光线经历了数百万年抵达我们这里，带来了有关宇宙开始时会是什么样的信息。“通过对遥远距离的宇宙进行观察，我们或许能看到过去，因而获得一些有关过往历史的灵感。”他讲道，“现有证据已经开始说明我们所熟悉的宇宙过去不可能是永恒存在的。”

讲座安排表封面

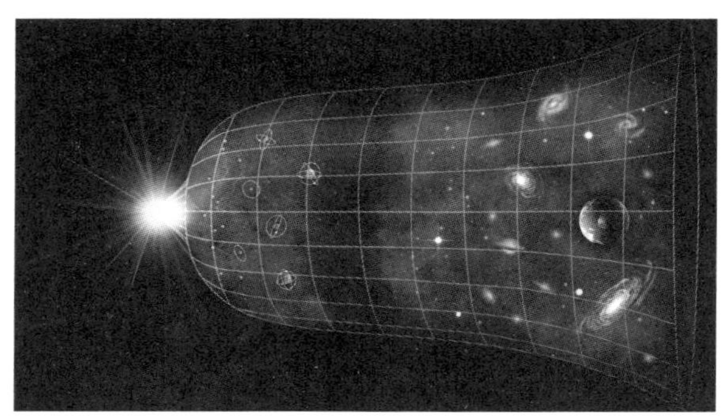

宇宙大爆炸

他此时讲起了大爆炸理论。该理论认为，宇宙开始只是一个极小极热的点，后来向外膨胀，直到变成我们现在看到的宇宙。这一理论与宇宙正在膨胀的现象十分吻合，一个如今正在变得更大的宇宙，必然有个更小的曾经；在过去的某个时间点，宇宙一定经历过非常小的阶段，然后开始膨胀。这与之前建立的观点相悖，过去人们认为我们身边的宇宙一直以来就保持着目前这个状态。赖尔正在谈论的，是我们对宇宙起源的认识的核心观点。就在讲座一年前的1964年5月，美国天文学家阿尔诺·彭齐亚斯（Arno Penzias）与罗伯特·威耳孙（Robert Wilson）意外发现了我们如今所说的“宇宙微波背景辐射”——实际上是宇宙大爆炸的余晖，也是这一事件真实发生的有力证据（详见第121页）。

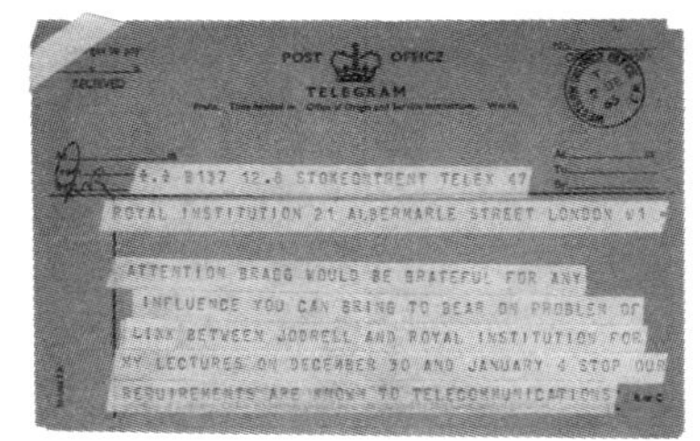

POST OFFICE
TELEGRAM

ROYAL INSTITUTION 21 ALBERMARLE STREET LONDON W1

ATTENTION BRAGG WOULD BE GRATEFUL FOR ANY
INFLUENCE YOU CAN BRING TO BEAR ON PROBLEM OF
LINK BETWEEN JODRELL AND ROYAL INSTITUTION FOR
MY LECTURES ON DECEMBER 30 AND JANUARY 4 STOP OUR
REQUIREMENTS ARE KNOWN TO TELECOMMUNICATIONS

洛维耳给皇家科学院院长劳伦斯·布喇格的电报

以下内容来自档案

通过洛维耳与皇家科学院

院长劳伦斯·布喇格爵士之间的信件往来，我们可以很清楚地发现洛维耳是位不可多得的讲座主持。实际上，在1963年与1964年这两年，他都接到了圣诞讲座的邀请，但均由于其日不暇给而被迫放弃（信见右图，译文见后）。

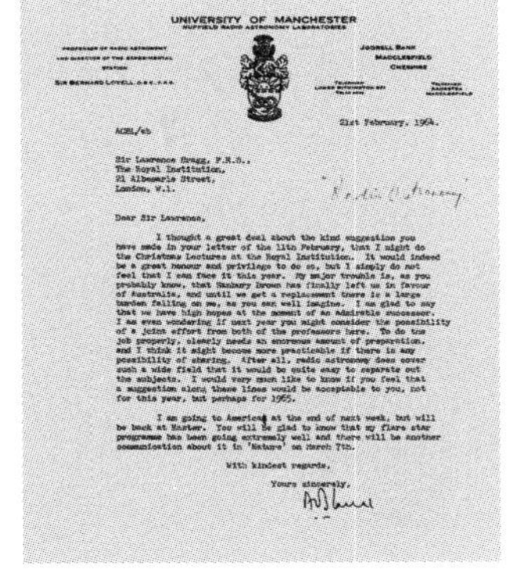

UNIVERSITY OF MANCHESTER
NUFFIELD RADIO ASTRONOMY LABORATORIES

SIR BERNARD LOVELL

JODRELL BANK
MACCLESFIELD
CHESHIRE

ACBL/eb

21st February, 1964.

Sir Lawrence Bragg, F.R.S.,
The Royal Institution,
21 Albemarle Street,
London, W.1.

Dear Sir Lawrence,

I thought a great deal about the kind suggestion you have made in your letter of the 11th February, that I might do the Christmas Lectures at the Royal Institution. It would indeed be a great honour and privilege to do so, but I simply do not feel that I can face it this year. My major trouble is, as you probably know, that Hanbury Brown has finally left us in favour of Australia, and until we get a replacement there is a large burden falling on me, as you can well imagine. I am glad to say that we have high hopes at the moment of an admirable successor. I am even wondering if next year you might consider the possibility of a joint effort from both of the professors here. To do the job properly, clearly needs an enormous amount of preparation, and I think it might become more practicable if there is any possibility of sharing. After all, radio astronomy does cover such a wide field that it would be quite easy to separate out the subjects. I would very much like to know if you feel that a suggestion along these lines would be acceptable to you, not for this year, but perhaps for 1965.

I am going to America at the end of next week, but will be back at Easter. You will be glad to know that my flare star programme has been going extremely well and there will be another communication about it in 'Nature' on March 7th.

With kindest regards,

Yours sincerely,

1964年，布喇格转过头试探了一下赖尔，但他也因为繁重的工作拒绝了邀请。布喇格此时显然是有些心灰意冷，在一封次日写给剑桥大学出版社A. K. 帕克（A. K. Parker）的信中，他写道："让年轻人对科学保持热情，这是非常重要的事……恐怕给赖尔过多压力不是件好事，但我现在很惆怅，不知道该邀请谁。"最后，布喇格决定让洛维耳和赖尔只完成部分讲座，并邀请格雷厄姆-史密斯与休伊什共同分担压力。

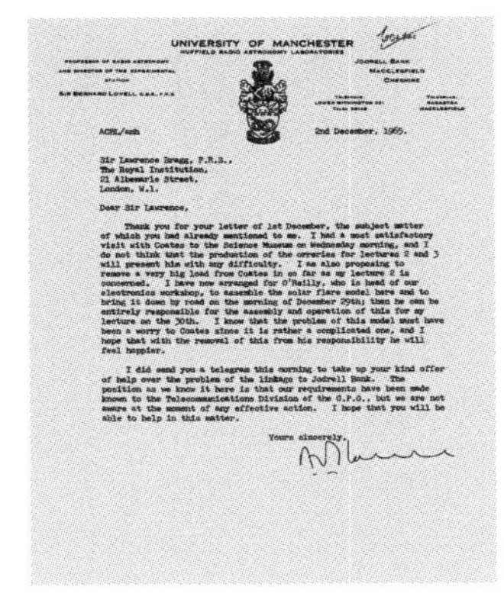

UNIVERSITY OF MANCHESTER
NUFFIELD RADIO ASTRONOMY LABORATORIES

SIR BERNARD LOVELL

JODRELL BANK
MACCLESFIELD
CHESHIRE

ACBL/smh

2nd December, 1965.

Sir Lawrence Bragg, F.R.S.,
The Royal Institution,
21 Albemarle Street,
London, W.1.

Dear Sir Lawrence,

Thank you for your letter of 1st December, the subject matter of which you had already mentioned to me. I had a most satisfactory visit with Coates to the Science Museum on Wednesday morning, and I do not think that the production of the orreries for lectures 2 and 3 will present him with any difficulty. I am also proposing to remove a very big load from Coates in so far as my lecture 2 is concerned. I have now arranged for O'Reilly, who is head of our electronics workshop, to assemble the solar flare model here and to bring it down by road on the morning of December 29th; then he can be entirely responsible for the assembly and operation of this for my lecture on the 30th. I know that the problem of this model must have been a worry to Coates since it is rather a complicated one, and I hope that with the removal of this from his responsibility he will feel happier.

I did send you a telegram this morning to take up your kind offer of help over the problem of the linkage to Jodrell Bank. The position as we know it here is that our requirements have been made known to the Telecommunications Division of the G.P.O., but we are not aware at the moment of any effective action. I hope that you will be able to help in this matter.

Yours sincerely,

右边这封洛维耳写给布喇格的信（译文见后），展示了他为这些讲座做的一些深思熟虑的准备。

洛维耳的启蒙

用洛维耳自己的话来说，他从来都不是什么模范学生，在学校时，考试成绩经常处于下游。不过，在一次班级旅行中，他聆听了来自布里斯托尔大学的A. M. 廷德尔（A. M. Tyndall）教授有关电火花的一系列讲座，或许一切的改变都因此而起。那还是1928年，彼时洛维耳只有15岁。廷德尔的那些讲座在1930年的圣诞讲座上再次上演——一位圣诞讲座讲者被另一位圣诞讲座讲者鼓舞。“讲堂里摆着的所有仪器和装置，都仿佛是我对天堂的遐想。突然，我极度渴望成为廷德尔实验室中的一名学生。三年后，经历了两场考试，我实现了。”很多年后，他在接受《锋芒在线》（译注：*Spiked Online*，是英国一家网络杂志，主要关注人文传统下的政治、文化及社会）采访时如此说道。

在后来接受大学的采访时，他说：“廷德尔以及那所讲堂，在几分钟内改变了我的一生。回家的路上需要乘坐一段电车……然后需要再步行长达3英里（4.8千米）。这段路我已经走过很多次了，但我仍然能记起来刚听过廷德尔讲座的那个夜晚。那是我第一次抬头仰望，看着满天繁星，猜测它们究竟是什么。”

布喇格，见信悦！感谢您为了我在12月30日及1月4日的讲座，协调焦德雷尔班克与皇家科学院之间的问题所做的一切努力。电报篇幅有限，不再多言。

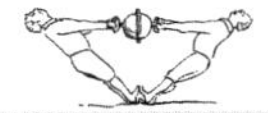

亲爱的劳伦斯爵士：

对于您在2月11日的来信中有关我将在皇家科学院主讲圣诞讲座的建议，我认真地考虑了良久。这的确是至高无上的殊荣，但我实在不觉得今年我可以去面对此事。我的主要麻烦您也许知悉，汉伯里·布朗（译注：Hanbury Brown，出生在印度的英国天文学家，首次发现了热光的二阶干涉效应，1962年搬到澳大利亚，就职于悉尼大学）最终还是因为他钟爱的澳大利亚，把我们都撇下了，如果找不到替代人选，我们肩上的重担您可想而知。我非常高兴的是，此刻我们有很大的机会物色到一位令人钦佩的继任者。我甚至还想知道明年您是否可以考虑我们共同努力，请这里的两位教授一起上台。为了更好地完成这项重任，肯定需要大量的准备工作，因此我

考虑，如果有可能共同分担的话，此事也许会变得更可行。毕竟射电天文学还没有覆盖很广的领域，要想独立分享这一课题还是相当不容易的。我非常想知道，沿着这条思路产生的想法，对您来说是否可以接受，不是说今年，也许是1965年。

我下周末计划去美国，不过会在复活节时回来。还有件事我想您听了一定会很开心：我的耀星项目进展得十分顺利，或许会在3月7日的《自然》杂志上发表另一篇通讯。顺颂

时祺

谨上

洛维耳

1964年2月21日

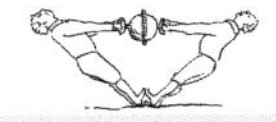

亲爱的劳伦斯爵士：

感谢您12月1日的来信，关于主题的事情您已经跟我提过了。周三清早参观了科学博物馆，我与科茨对此十分满意，并且我认为在第二场及第三场布置一座太阳系仪对他来说不会有任何困难。就第二场讲座所涉及的内容，我并不想让科茨背上这么个大包袱。我目前已经安排了我们电子工作室的主任奥赖利（O'Reilly）在这里（焦德雷尔班克）装配一台太阳系的发光模型，在12月29日早上直接开车带过去，这样他就可以全程对装置负责，并且在我30日演讲的时候进行操作。我知道这个模型也许会让科茨有些担心，毕竟它确实有些复杂，不过我也希望这样可以让他少担一些职责，他会因此感到开心。

我今天早上给您发了一封电报，感谢您为

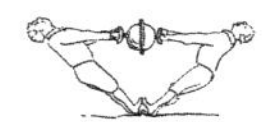

了联络焦德雷尔班克所做的善意帮助。我们都知道，我们提出的要求（译注：指前文中通过邮政总局现场连线的事）已经被邮政总局电报部门获知，但我们此时还没看到任何实际的行动。我希望您在此事上能够提供帮助。

谨上

洛维耳

1965年12月2日

第七章
时光机

乔治·波特爵士

（Sir George Porter）

1969

✧

时间，就像是一条奔流不息的河，看起来会一直流淌下去，我们对此却做不了什么。不过，它是从何而来，又将流向何处呢？

✧

不可思议的时空探索之旅

1. 时间是什么？
2. 记录时间的原理是什么？
3. 什么因素导致400万个世纪前，每天的时间比现在短？
4. 时间之河有源头和终点吗？

关于我们生命更为短暂的一些特征，时间可以说是其中一样。它究竟是什么？我们每个人对这个问题都有模糊的认识，但如果试图向其他人解释它的时候，整个概念就会变得更加令人糊涂。波特介绍了人类已经尝试过的一些标记时间旅行的方法，同时努力讲明白为什么时间看起来只会向前却从不倒流。我们将踏上一段探访遥远过去的旅程，了解科学家们如何像侦探一般，将我们这颗行星以及它所供养的生物历史线索收集起来。同时我们也将探访遥远的未来，寻找我们宇宙在时间终结时可能的命运。

“说起时间时我们都显得很熟悉：我们用各种方式称呼它，我们也用各种方式对待它。”波特开始了他的开场白，“我们耗费时间，节约时间，记录时间，失去时间，查看时间，浪费时间，标记时间，逃离时间，甚至消磨时间。然而我们不能真正去做的是理解时间。”人类已经努力了几个世纪，试图应对时间的复杂性，寻找对时间流淌精确标记的办法。波特讲述了意大利天文学家伽利略的典故，当他观察比萨教堂一盏晃动的吊灯时（此处对原文的swinging有所调整），发现单摆其实是良好的时间记录者。伽利略后来据此发明了摆钟，根据波特所说，伽利略是在逝世前不久开始设计工作的，此时由于过度通过望远镜观察太阳，他的视力已近全盲（也有很多人怀疑导致他眼盲的这一原因不过是市井传言）。

讲座安排表封面

不过我们并不总是需要自己制作一台钟。“人类在地球上诞生之时，便发现天空中有一台已经为人类准备好的时钟，而且相当不错。”波特讲道。他给我们展示了一台太阳系仪——一种显示太阳、月亮及行星运动的设备。“这便是刚才所说的时钟模型。”他继续说道，“（它）有日针、月针和年针。”一天是地球自转所需的时间，一个月差不多是月亮绕地球轨道一周，一年则是地球绕太阳一周。

如果像行星这样特别巨大的物体可以让我们标记特别长的时间周

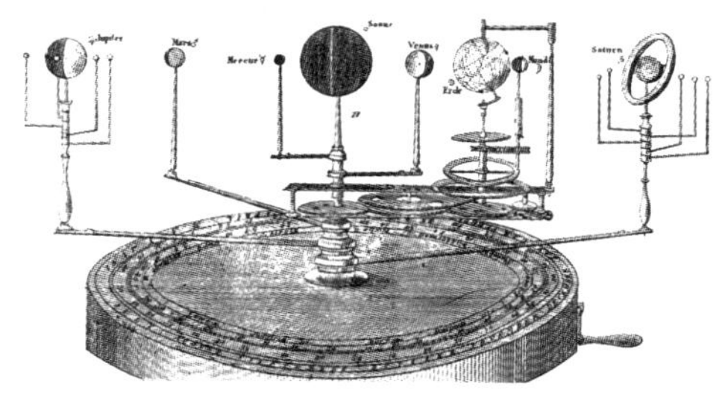

太阳系仪素描图

期，那么我们也需要非常小的物体以记录更短的时间。“各种可以运动的物体，从袋鼠到水晶，都可以被用于计时，”波特讲道，“物体越小，两次‘嘀嗒’之间的间隔也就会更短。”我们可以想到的最小物体之一便是原子。“原子与分子的运动也是周期性的，并且很大程度上不会被外界环境影响。”他接着讲，“大多数分子都拥有很多原子以及相应数量的振动。”这个数字如此庞大，以至于“秒”这个单位都不再以一天（基于地球自转）的等分定义了，而是以铯原子的振动为准。

乔治·波特爵士（1920—2002）

1920年，波特出生于约克郡，是著名的化学家。二战期间，他在英国皇家后备队服役，后于1949年在剑桥大学获得博士学位，其课题是自由基——一种与其他化学物质之间具有高度反应活性的粒子。1960年，他当选皇家学会的研究员，六年后又获得富勒化学教授的职位，并成为皇家科学院院长。一年后，因自由基课题的杰出贡献，他成为诺贝尔化学奖的获奖人之一。1972年，他获得骑士奖章，并在1985—1990年担任皇家学会的会长，在任期结束时，上议院认定其为终身贵族，波特于是成为卢登海姆波特男爵（Baron Porter of Luddenham）。他热衷于分享他的专业，做过很多次公开讲座，其中包括1976年的圣诞讲座——太阳光线的自然历史。

生物介于上述两种极端大小的物体之间，它们也都是非常好的“计时器”。“我们最熟悉的是昼夜规律——差不多就是一天，它告诉我们夜晚该去睡觉，还担当早上叫我们起床的闹钟。”波特说，“当然，我们还有非常出色的‘秒表’，那就是心脏。伽利略便是借助这一点对比萨教堂的吊灯进行计时的。而且非常有意思的是，他这一发现的最初用途之一，是医生对心跳进行计时。心跳的规律性代表着身体状况一切良好。”为了解释这一点，听众席中一名志愿者戴上了心电图装备，显示了心跳的电活动性，并测量了心律与心率。

“最值得关注的生物钟之一存在于鸟类以及昆虫体内，它们迁徙时借此进行导航。”波特将注意力转到其他动物的生物钟时，如是讲道，“看起来，它们借助的是太阳，也就是说，它们必须……拥有一种内时钟，才能知晓太阳在一天的某个确定时间处于什么位置。看起来，这些动物所拥有的内时钟，很像是机械钟里的擒纵机构（译注：擒纵机构是机械钟表中的一种常用计时元件，如今仍在广泛应用，基本结构是一个被钩住的齿轮，通常是擒的状态，能量蓄积后，齿轮挣开钩子后实现纵，一擒一纵的周期基本稳定，这一原理与水钟有一定关联）。”这些内在的生物计时器是至关重要的。“它们对我们生存的重要性毋庸置疑。它们持续地嘀嗒，传递了颇具说服力的信息。此时此刻，我的生物钟正明白无误地告诉我，我该喝茶了。”

在波特开始第四场讲座之际，他提了一个听起来挺刺激的命题，活跃气氛：“今天，我们打算穿越时空，回到遥远的几百万年以前……恐怕我们不能亲自到那时候了，而且我想将来应该也没有人可以。但我们可以很仔细地回望过去，尽管我们不能改变它。”我们依次以10倍的时间间隔往回跳跃，首先是倒退10年，也就是听众席中大多数人还记得的年代。然后是100年——“如果这里有人记得这么久的事，那么他就没有资格被称作青少年了。”他调侃了一下，“但我们还可以记得100年前的人们。”他一边解释，一边给我们展示了爱迪生于1877年发明的留声机，而它第一次在皇家科学院出现，是在1878年2月纪念这一事件的一次活动中。我们听到一段1889年英国首相威廉·格拉德斯通（William Gladstone）的录音。

“因此，过去的这100年，我们可以看到或听到很多的历史。”他讲道。然而接下来的跳跃就是1000年了。印刷出的文字，出现在大约这一时段的中间。“我们可以将（书写）称为所有时光机中最伟大的一种。”他说道，“作家们当时也许没有意识到，他们会被用这种方式尊为不朽。”此时，我们将回到10000年前，不过得换种方式了。“从这个时候起，我们就得寻找一些新的历法或钟表，哪怕是找到一些绘画、古代工具或化石也可以。”他讲道。贝壳化石特别有用，因为它们是原始贝壳经历了漫长时间后形成的结构，就像一种临时钟表。“（贝壳上）精细的条纹是每个月甚至每一天所留下的记录，对一些双壳贝类或珊瑚进行仔细观察便可以看到。”波特认为它们可以展现一些非常值得关注的情况，“泥盆纪（3.59 亿—4.19亿年前）的贝壳化石显示，当时每年比现在要多出10天。”[如今我们知道这是由于月球引力的作用，地球自转每个世纪会延缓0.0017秒，因此，400万个世纪之前，每天会比现在短上6800秒（也就是近两小时），这就意味着对应于地球每绕太阳一圈的时间，会有更多的天数。这也就能说明我们这颗行星并非是一个可靠的计时器。]

但是到底我们有可能回到多久之前呢？为了回答这个问题，我们就需要看看放射性衰变的过程了。“很多种原子的原子核都不稳定，在发生分裂时还会发射出电子或氦原子，并释放裂变能。”波特说道。他将我们的注意力引到一间含有水雾的云室，由此揭示上述过程的证据。当这些粒子从原子中逃逸时，它们就会留下一道可见的轨迹，从而让我们看到正在发生的放射性衰变。“现在我们假设，一个原子每一分钟都有50%的概率会爆裂，好比我们扔硬币，正面代表爆裂，反面代表不爆。那么，想象一下我有好多原子——比方说100个，我现在需要扔100个硬币。”一半是正面，一半是反面，因此一分钟后就只剩下50个原子了。再过一分钟，还会有另外一半原子爆裂，剩下25个。如果知道现在还有多少颗原子，并且知道需要多久会有一半原子发生衰变，那么我们就可以反着推算衰变是从何时开

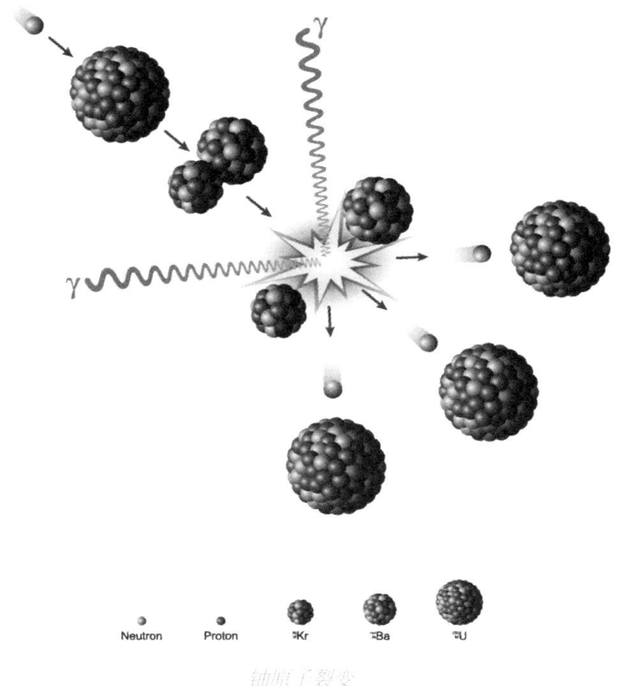

铀原子裂变

始的。

“对于较近的历史，最有用的原子（莫过于）一种特殊形态的碳。”波特讲道，“寻常的碳原子，（原子核中）都有6个中子与6个质子（这也就是我们熟知的碳-12）。（然而还存在）另外一种碳原子，比碳-12多两个中子。”这就是碳-14，它会衰变成氮-14（原子核中有7个质子与7个中子的氮原子）和一颗电子。然而，当太空中的宇宙射线在大气中撞击了氮原子，碳-14也会经由上述衰变的逆向过程产生。由于植物会从大气中吸收空气，并经由光合作用生产能量物质，它们便会不断地补充那些衰变掉的碳-14。“然而，一旦（一棵）树死掉了，摄入过程就不再进行了。”波特解释道。树的死亡，如同按下

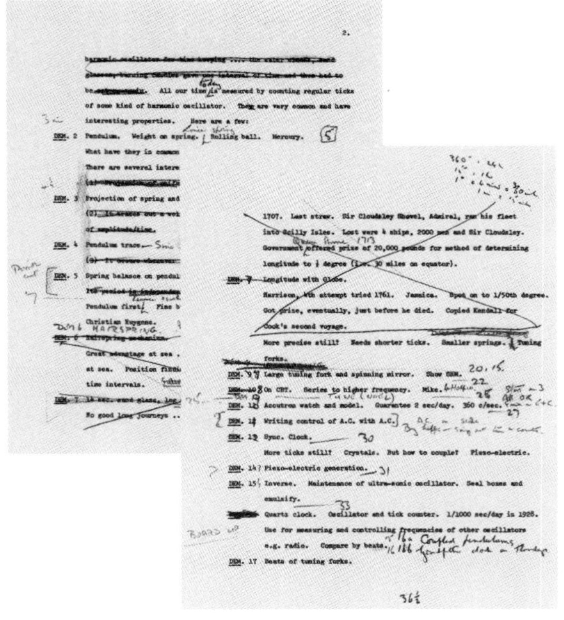
2.

All our time is measured by counting regular ticks of some kind of harmonic oscillator. They are very common and have interesting properties. Here are a few:

DEM. 2 Pendulum. Weight on spring. Rolling ball. Mercury.

What have they in common

There are several intere

DEM. 3 Projection of spring and

of amplitude/time.

DEM. 4 Pendulum trace.

DEM. 5 Spring balance on pendul

Pendulum first. Fine b

Christian Huygens.

Great advantage at sea .

at sea. Position finding

time intervals.

No good long journeys ..

1707. Last straw. Sir Cloudsley Shovel, Admiral, ran his fleet into Scilly Isles. Lost were 4 ships, 2000 men and Sir Cloudsley. Government offered prize of 20,000 pounds for method of determining longitude to ½ degree (i.e. 30 miles on equator).

DEM. 7 Longitude with Globe.

Harrison, 4th attempt tried 1761. Jamaica. Spot on to 1/50th degree. Got prize, eventually, just before he died. Copied Kendall for Cook's second voyage.

More precise still? Needs shorter ticks. Smaller springs. Tuning forks.

DEM. 9 Large tuning fork and spinning mirror. Show SHM.

DEM. 10 On CRT. Series to higher frequency. Mike.

DEM. 11 Accutron watch and model. Guarantee 2 sec/day. 360 c/sec.

DEM. 12 Writing control of A.C. with A.C.

DEM. 13 Sync. Clock.

More ticks still? Crystals. But how to couple? Piezo-electric.

DEM. 14 Piezo-electric generation.

DEM. 15 Inverse. Maintenance of ultra-sonic oscillator. Seal boxes and emulsify.

Quartz clock. Oscillator and tick counter. 1/1000 sec/day in 1928. Use for measuring and controlling frequencies of other oscillators e.g. radio. Compare by beats.

DEM. 17 Beats of tuning forks.

波特在他为讲座准备的佐证资料上做的笔记

了赛跑运动的秒表，我们便可以借助如今尚在的碳-14计算这个过程是何时开始的。波特给我们举了个例证，那是一根迄今已有3000年历史的巨杉心材。

“地球的年龄（同样）可以借助放射性衰变进行推算。已知最古老的岩石足有28亿岁。”针对陨石的类似分析说明它们足有45亿年的历史。波特还告诉我们，地幔中铀元素向铅元素的衰变，说明其有45亿岁的高龄。我们随后看到的是宇宙历史中的一些事件以及它们发生时公认的时间线（括号中是今天被广泛接受的数值）：

10万年前（20万年前）	现代智人
100万年前（20万年前）	人猿
1000万年前（5000万年前）	猿
1亿年前（2亿年前）	哺乳动物
20亿年前（40亿年前）	第一个生命
50亿年前（45.6亿年前）	地球诞生
100亿年前（138亿年前）	大爆炸（创世）（注：creation是一个西方文化色彩比较浓的词，此处实为宇宙起点）

“时间，就像是一条奔流不息的河，看起来会一直流淌下去，我们对此却做不了什么。不过，它是从何而来，又将流向何处呢？”波特问道，“时间之河有源头和终点吗？”我们对时间之“箭”的体验——看起来像是只往一个方向前行——与熵的概念存在关联，熵是某些物质系统混乱度的物理量度。波特通过一张纸进一步解释了这一理论。最初，它处于一个非常规整的状态，但他随后将其撕碎，而它也就不能很容易地重新拼接到一起了。如果你看到两张照片——一张

是完整的纸张，而另一张是撕碎的纸张——你可以本能地知道哪一张是先拍下来的。类似地，一杯茶总是会由热变凉；一枚打碎的鸡蛋不会自发地恢复形状。“因此时间具有方向性。”他说道。这一理论被归纳到了热力学第二定律，也就是说，孤立系统中的熵——混乱度总是会随着时间增长。

不过时间的终点呢？不断向前流淌的时间会将我们带往何处？“热力学给出了一个清晰答案。”波特说，“如果宇宙包含了所有事物，那么宇宙之外就不存在了，整个宇宙都将遵循热力学定律。混乱度将会增长，而我们最终将达到热寂的状态，这是一种永恒的平衡。”此时此刻，恒星、行星、植物，还有人类，都只是一个个非常渺小的秩序之岛，存在于越发混乱的宇宙中。所谓的热寂，就是说宇宙最终会变得极度混乱，没有任何事物可以保持一瞬间的秩序——没有恒星，也没有生命。“不过，迄今为止没有人真的知道会是什么样。”波特讲道。

重要的是，这些有关宇宙和时间的难题，也是实验的对象。我们可以看到过去的一些星系，从而弄明白我们自己这个星系曾经是什么样。除此以外，还有什么对全人类来说更重要的问题吗？我们都在寻找一个目标，而我们如今的研究，主要还是为了获得更多的知识，或是弄明白世界运行的规律（本质上是同一件事），而在这个世界上，我们可以找回自己。探索是一项长期工作。我们自己将不会看到所有的结果，然而追寻是我们的伟大使命，直到时间的尽头。

以下内容来自档案

从皇家科学院档案中的信件可以清楚地看到，时间这个话题并不是从一开始就是波特的讲座打算涉及的。事实上，他最初决定讲的题目是“光与生命”——后来他在1976年的讲座“太阳光线的自然历史”中回归了这一主题。也许由于当时BBC的时间穿越系列节目《神秘博士》（*Doctor Who*）受到狂热追捧，他做出了改变（第一集在1963年11月播出）。在一封1969年9月23日寄给BBC制片人艾伦·斯利思（Alan Sleath）的信件（信见下图，译文见后）中，波特写道：“我很想拥有一台像‘神秘博士’那样的时光机……”

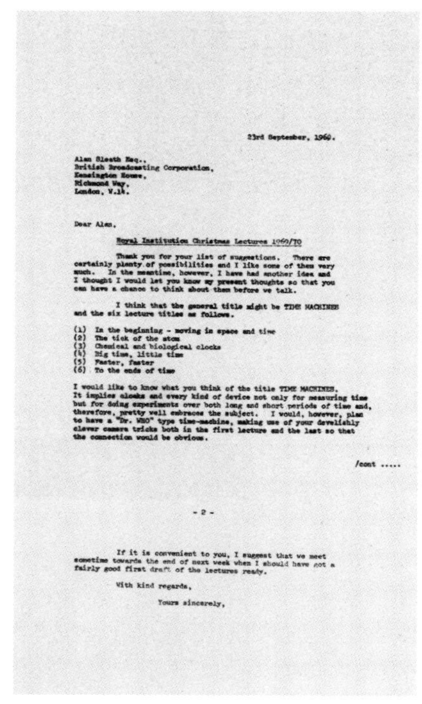

23rd September, 1969.

Alan Sleath Esq.,
British Broadcasting Corporation,
Kensington House,
Richmond Way,
London, W.14.

Dear Alan,

Royal Institution Christmas Lectures 1969/70

Thank you for your list of suggestions. There are certainly plenty of possibilities and I like some of them very much. In the meantime, however, I have had another idea and I thought I would let you know my present thoughts so that you can have a chance to think about them before we talk.

I think that the general title might be TIME MACHINES and the six lecture titles as follows.

(1) In the beginning - moving in space and time
(2) The tick of the atom
(3) Chemical and biological clocks
(4) Big time, little time
(5) Faster, faster
(6) To the ends of time

I would like to know what you think of the title TIME MACHINES. It implies clocks and every kind of device not only for measuring time but for doing experiments over both long and short periods of time and, therefore, pretty well embraces the subject. I would, however, plan to have a "Dr. WHO" type time-machine, making use of your devilishly clever camera tricks both in the first lecture and the last so that the connection would be obvious.

/cont .....

- 2 -

If it is convenient to you, I suggest that we meet sometime towards the end of next week when I should have got a fairly good first draft of the lectures ready.

With kind regards,

Yours sincerely,

亲爱的艾伦：

皇家科学院圣诞讲座1969/1970

非常感谢你的建议列表，显然，很多可能性都存在，而我对其中一些非常喜欢。不过与此同时，我还有另外一个打算，我觉得应该让你知道我此时的想法，这样你会在我们谈话之前，对这些问题进行考虑。

我想总标题应该是“时光机”，而六场讲座的标题分别如下：

（1）引子——穿越时空；

（2）原子“嘀嗒”；

（3）化学钟与生物钟；

（4）“大”时间，“小”时间；

（5）快，更快一些；

（6）直到时间的尽头。

我想知道您会怎么看待“时光机”这个标题。

它暗示的是钟表以及各类设备，不只是那些测量时间的，也包括用于实验的那些，无论其时间长短，因此，这题目非常好地囊括了这一主题。不过，我很想拥有一台像“神秘博士”那样的时光机，利用你那台超级智能的照相机，在第一场及最后一场讲座时来点小把戏，这样其中的关联就一目了然了。

如果你方便的话，我建议下周末的什么时候见个面，那时候我应该已经准备好第一版相当不错的草稿了。顺颂

时祺

敬礼

1960年9月23日

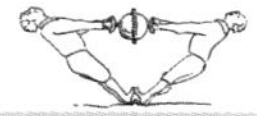

第八章
行星

卡尔·萨根

（Carl Sagan）

1977

✧

地球发射的人造物体正在太空中旋转着，而人类不会永远被束缚在仅有的这颗行星之上。

✧

不可思议的时空探索之旅

1. “地心说”是如何转变为“日心说”的？
2. 生命是什么？
3. 宇宙中是否存在另一个适合生命产生的星球？
4. 坑洞在宇宙中意味着什么？

距1827年迈克尔·法拉第举办第一次讲座整整150年，神秘的美国天文学家、宇宙学家卡尔·萨根带来了这一系列六场讲座，带着他的听众踏上了一段穿越宇宙深处的征程。萨根在皇家科学院现身的前一年，对太阳系的探索收获了一些里程碑式的成果，火星受到了特别关注。在路过其他行星之前，我们将会聆听这些值得铭记的发现，然后前往更广阔的银河系，在其他恒星系统中寻找像我们这样的世界。

在旅程开始之前，我们首先必须明白行星遵循着怎样的秩序，以及它们看起来是什么样。对萨根而言，探索行星真正令人兴奋的地方是去发现“那里的东西究竟和这里的东西有多大程度的不同”。借助一台太阳系仪——太阳系的机械模型，他很认真地开讲了，揭示太阳系这个绕轨运动的世界是如何运行的。在指到木星与土星的时候，他说它们分别拥有12和10颗卫星（与如今我们所知的67和62颗相差甚远）。

“这幅太阳系的照片相对较新。”他讲道，“在大部分人类历史中，人们都认为地球处于中心，这不只是说太阳系，也是指宇宙的中心。这是一种天文学意义上的自负心态，我们认为自己是独一无二的，宇宙中的其他一切物体，相比地球和它的居民来说，在某种意义上都是次要的。然而，我们如今已经发现事与愿违——我们不过居住在宇宙中一个单调而不起眼的地方。”从地心说（认为地球是中心）到日心说（认为太阳是中心）的转变，是对金星星象进行观察促成的。

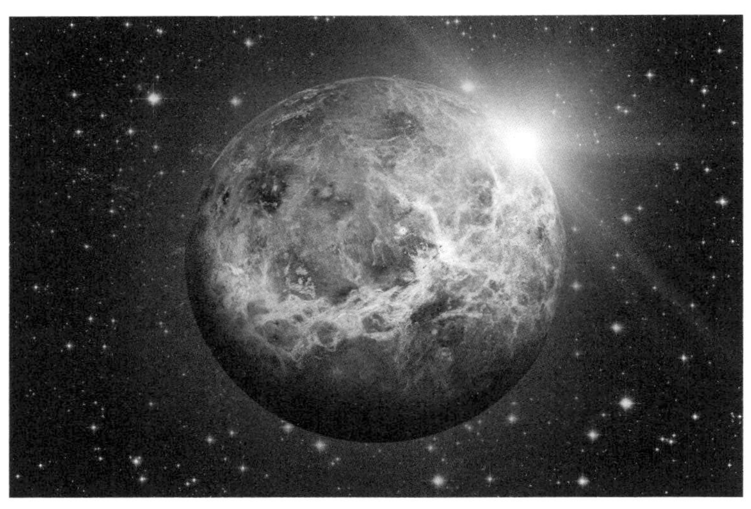

金星

在萨根的第一场讲座中，他从听众席中找来两名志愿者，证明了这一点。“我准备做的，是请一个人扮演地球，再请一位扮演金星，而我就试着扮演一下太阳。”他讲解道。代表地球的那位志愿者，站在电视录像机的旁边，让我们可以从地球的视角观察金星。第二位女生手持金星的模型，缓慢地绕着萨根旋转，萨根则对着她的方向点亮了一盏灯，于是金星出现了盈亏，就如同月亮一般。这种现象只有当两颗行星绕着固定位置的太阳旋转时才会出现。当伽利略首次指出这一现象时，我们的妄自尊大就这样被撕破了。

讲座安排表封面

然而望远镜也就只能带着我们如此远观了。如果真的需要弄清行星的细节，确定上面是否有生命存在，我们就必须发射探测器与之来一次亲密接触。萨根非常兴奋，因为就在他的讲座前几个月，NASA已经发射了两台探测器——“旅行者1号”与“旅行者2号”，为的是利用地球轨道外四颗行星的特殊位置，而这是175年一遇的机会。不过探测器不会就此停住。“它会义无反顾地离开太阳系。它将被迫永远在恒星之间的黑暗中游荡。”他讲道，“它的发射器会寿终正寝，从此变得寂静无声，但依然会是走得最远的人类使者。”（他说得很对。“旅行者1号”在2012年时离开了太阳系，而我们如今依然与它保持着联系。）

不过如果打算寻找生命的迹象，我们就首先必须理解生命是什么。因此，在他的第二场讲座中，萨根重点介绍了我们自己这颗行星上的生物多样性，生命被描述成了地球表面的“浅浅锈层”——借鉴詹姆斯·金斯所创的词。他从兰花谈到雨林，从蚊子聊到蝙蝠。一只活着的袋鼠被推到了皇家科学院的讲台之上，这种动物不需要喝水，而是从食物中摄取所有水分。然而，当萨根站在查尔斯·达尔文的画像下面时，我们被告知，所谓多样性不过是一种幻觉。生命由同一个祖先演化而来。“我们都是表亲：我们与橡树，我们与猎兔犬，我们与海棠，我们与长须鲸……我们彼此之间都是紧密相连的。”而那个共同祖先，在我们地球的历史长河中，很早就已经出现了，它提高了让我们看到生命无处不在的可能性。“好了，如果存在一个过程，它所占时间相比可以利用的时间来说很短，那么我们就可以试图去解释这一过程的发生。”他讲道，“生命存在的时间跨度短于地球的年龄，这至少说明生命起源在某种意义上来说是容易的。这没有那么难，而且发生得很迅速——有些事会推动这一进程。”

然而，触发第一个有机体转变为生命的机缘究竟是什么？为了更深入地寻找答案，萨根重现了斯坦利·米勒（Stanley Miller）曾经实施的那个著名实验，地球早期存在的一些化学物质经过混合并短暂地进行放电，从而引发闪电，结果得到了一堆由有机物混合而成的黑色污泥，而这正是构建生命的“砖块”。他接着兴奋地向聚精会神的听众讲，在“木星附近”已经观察到了具有类似颜色的材料，“旅行者号”探测器也许还会告诉我们更多信息。“通过探索更外层的太阳系，或许我们可以更好地了解生命早期的化学过程，”他说道，“甚至有可能在那里还存在一些生命。可以保证的是，那些世界都很迷人，令人陶醉，很值得深入分析。仅仅几年后，我们就能够进行相当深入的分析了。”（然而当梦想成真时，“旅行者号”探测器并没有在这些巨型气体星球上发现任何生命迹象。）

如果不是身处太阳系更靠外的地方，也许火星更适合生命落脚。

对于火星，萨根描述道，“这是一颗富有传奇与童话色彩的行星，也很有传统”，因此我们需要特别小心——他在接下来一场讲座中如此说道。我们需要从金星那里吸取教训，超高温的二氧化碳云急涌而下，使得其表面压力达到了地球的90倍。“如果你想知道地狱在哪儿，就看看金星表面吧。”他说道。

在苏联的探测器着陆金星之前，有很多关于金星表面什么样的猜测，从沼泽到沙漠，从油田到碳酸水的海洋，但没有一条被证实。“我们在掌握确凿证据前，对这一行星投入了太多热情。”萨根警示道，“在我们开始研究火星之际，这些警示尤为重要，因为火星也被视为一个在很多方面都与地球类似的地方。我们已经寄托了很多希望、幻想、期待与渴求，而我们必须非常小心，别被期待遮住了眼，看不到这颗行星的真实一面。”

他回忆起火星“运河”的幽灵，之前很多次圣诞讲座都已提及，总结说这些可疑的“运河”“便是人类手、眼以及大脑配合不精确的写照。我们并不是完美的观察者”。不过我们就更有理由近距离地对这颗行星进行探索了，因而在第四场讲座中，他开始谈起我们可以从NASA一系列“水手号”探测器发回的资料中了解些什么，其中有一些探测器曾于1965—1972年掠过火星。要想理解这些我们即将观看的壮丽照片，关键的工具是对火山坑进行计数。披上一件白色实验服后，他开始寻找一些“对将皇家科学院搞得一团糟感到很享受”的志愿者。那些心甘情愿的参与者向充满紧实黏土的箱子扔去大理石块，砸出一些接近完美的坑洞，比大理石块本身还要大上好几倍。有个男孩拿着一枚小石块走开，然后助跑着扔了出去，他身后的听众发出阵阵笑声。

卡尔·萨根（1934—1996）

1934年，萨根出生于纽约布鲁克林区。在转到康奈尔大学并成为天文学和空间科学教授之前，他作为助理教授在哈佛大学讲习与研究。他真正的强项在于将不同领域的观点进行糅合，从而挑战一些概念性问题——为圣诞讲座的小听众们描绘了一幅壮阔的行星探索图。

作为20世纪最著名的天文学传播者之一，他天生就适合当个演说家。尤其是1977年，对他来说是把握机会的理想之年，因为前一年NASA的“海盗号”着陆器接触到了火星表面，而年轻听众可以听到第一手的最新发现。

萨根展示了随时间累积而起的这一层层石坑，而这可以告诉我们，这个表面究竟有多久的历史。“好了，这些没有大量成坑的区域意味着什么？”他问道，“这就说明这片区域还很年轻。它的历史还不够长，不足以累积所有这些远古宇宙灾难的疤痕。”反过来说，产生严重坑洞的区域历史更久，因为它们已经被砸了一段时间了。

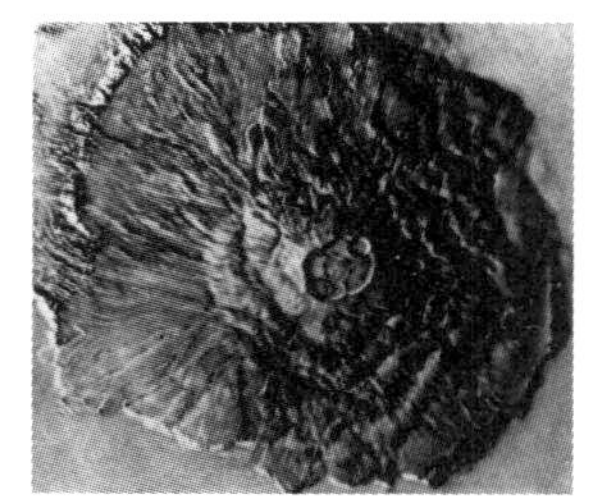

奥林匹斯山，1971年由“水手9号”发现

他给我们展示了“水手号”发回的奥林匹斯山的火星图片，那是太阳系中最高的山峰，是珠穆朗玛峰的2.5倍，通过对其周围的陨坑进行计数，可以确定它形成于1亿～10亿年前。

然而，如果我们打算认真地搜寻火星上的生命，那么从行星旁掠过的办法就还不够好。我们必须降到星球表面（这其实就是“海盗号”在1976年——萨根这场讲座举办的前一年——完成的使命）。因此，在他倒数第二场讲座的开场白中，他讲述了“海盗号”的一些任务：进行“迄今为止对其他行星最细致的探索”，并且“第一次在另一颗行星的表面认真地搜寻生命”。

一台“海盗号”复制品倚靠在聚苯乙烯制作的红色火星表面，萨根站在它前面，抓起探测器模型的样品采集机械臂，并将其插进土壤，采集了一些红色的物质。这场讲座晚些的时候，他调侃称这就是“在另一个世界玩着沙子”。萨根解释说，“海盗号”用了五种不同的科学实验对外星土壤进行分析，其中三种是微生物实验。

我们很快就将听到关于这些的更多信息，但他想先告知我们着陆本身的一些事。“海盗号”发回的现场图片，显示了着陆位置附近有一块巨大岩石，最初被称为“胖女人”（Big Bertha），但“这招来了女性解放组织的抗议，我们觉得也不奇怪，因此现在就改名叫‘大乔’（Big Joe）了。这就没人抗议了”，他打趣道。我们听到他说，“海盗号”的样品采集机械臂成功地收集了附近的火星土壤，甚至微生物仪器也显示出阳性的结果。不过我们不应该太过兴奋。“火星不同于地球——也许会有不同类型的无机化学过程在火星上发生。”很多科学家今天都确信这一化学现象导致了假阳性结果。

萨根随后从“火星表面”上跃起，走到听众席邀请两个孩子与他在火星上一起品茶，展望着空间探索的未来。“我们可以让太空车着陆……它们有轮子，可以前往令人无比激动的好地方——巨大的火山以及河谷等。我们很快就会实现。谁知道我们在火星上还会发现什么更神秘的地方。”如今，火星车的确已经在火星表面漫步了，寻找着火星气候历史中的线索，评判生命诞生的条件是否成熟过。第一辆火星车是NASA的“索杰纳号”，于1997年7月着陆。而它的继任者还包括“勇气号”“机遇号”与“好奇号”，它们揭示：火星也许曾经有过由液态水构成的广阔海洋，也许曾经是个对生命来说较友好的地方。然而，火星生命存在的决定性证据仍未可知。

当萨根开始他讲座系列的最后一场时，他很想弄明白我们是否曾在太阳系以外发现过行星甚至是生命。尽管所谓的“系外行星”尚未被发现，但天文学家们猜想，它们之所以会存在，是因为其他恒星不过是我们太阳的遥远翻版罢了。于是他对未来充满期待：“我相信，在接下来的10年或20年里，我们将会对附近恒星系统中的行星进行严格而彻底的探索。”（他言中了。第一颗绕着类日恒星旋转的行星在1995年被发现，就在萨根过世的前一年。）

他同时还思考着这些地外世界可能是什么样。“数不清的其他行星不仅可能会有生命，而且还可能有智慧生命。他们也许像我们一样聪明，一样文艺，一样有种族之分，一样懂得技术，像我们一样对小说或音乐有着浓厚兴趣。”我们是否会与他们接触？他指出我们已经在尝试了。“旅行者号”探测器携带着一些地球声音的记录，以及一些关于我们是谁与我们在哪儿的信息。不过，他们会明白吗？两名志愿者从听众席中被邀请上台，聆听这些声音并猜测它们代表的意思。他们不够幸运，这让萨根断言，“如果人类都不能理解，那么地外生命就更没可能了”。他总结说，无论如何，这就好比向宇宙这个汪洋中扔了一只漂流瓶，任何人都不太可能与之偶遇。事实上，我们获悉，更可能是我们被其他外星生物接触。最终，他说道：“我们其实可以在一周左右的时间内，把整部《大英百科全书》通过无线电波送到周边的其他星球。”那边的恒星比我们这一颗要古老得多，那么也就可能具有更成熟的文明。

萨根用他标志性的夸张动作结束了他的最后一场讲座：“我相信我们这个物种的历史将会焕然一新……我相信绝大部分的人类文明将如蒲公英播撒种子一般传递出去。”他吹向一株蒲公英，让它的种子散落到了皇家科学院讲堂的每个角落。“地球发射的人造物体正在太空中旋转着，而人类不会永远被束缚在仅有的这颗行星之上。”

以下内容来自档案

在一封落款日期为1976年2月12日的信件上，BBC探了探萨根的意思，看他是否愿意在1977年的圣诞讲座上来一场有关地外生命的主题演讲。不过萨根并不确定地外生命的存在，因此他请求替换成行星探索（见下页第二幅图，译文见第109页）。

这样的调整要求很快被接受，而萨根的伦敦之行也着手安排。关于住宿的问题讨论了很多，而萨根在一封电报中建议选择布朗酒店——一家位于阿尔伯马尔大街正对着皇家科学院的五星级酒店。萨根在布朗酒店住了整整18天（见右图）。

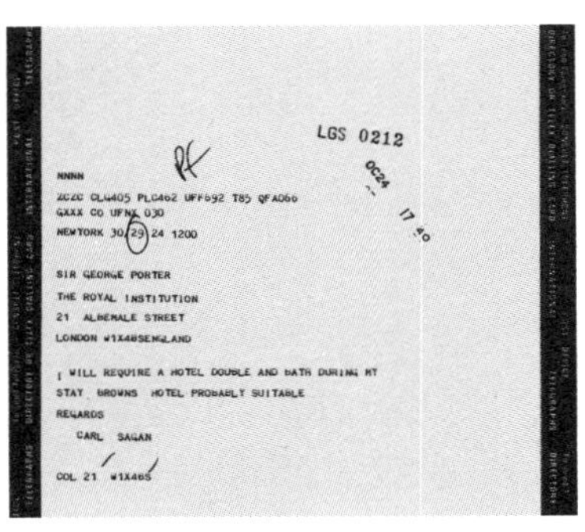

LGS 0212

NNNN
ZCZC CLG405 PLC462 UFF692 T85 QFA066
GXXX CO UFNX 030
NEWYORK 30/29 24 1200

SIR GEORGE PORTER
THE ROYAL INSTITUTION
21 ALBEMALE STREET
LONDON W1X4BSENGLAND

I WILL REQUIRE A HOTEL DOUBLE AND BATH DURING MY
STAY BROWNS HOTEL PROBABLY SUITABLE
REGARDS
CARL SAGAN

COL 21 W1X4BS

波特给在布朗酒店住的萨根写了信（信见第二幅图，译文见第110、111页），并欢迎他到伦敦来。档案馆还保留了萨根飞往伦敦的机票传真件（见下图）。

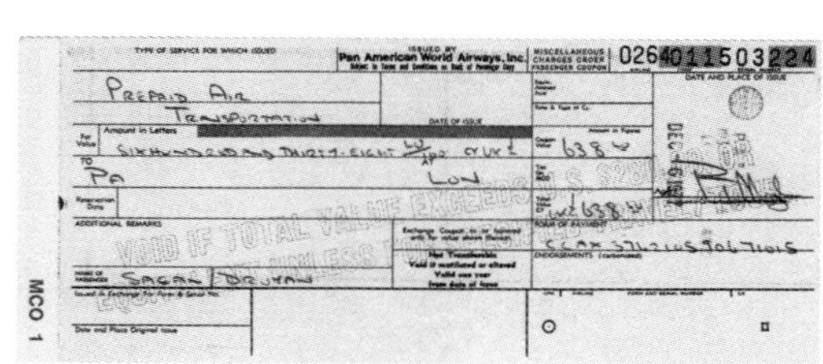

Pan American World Airways, Inc.

MISCELLANEOUS CHARGES ORDER — 026 4011503224

PREPAID AIR TRANSPORTATION

SIX HUNDRED AND THIRTY-EIGHT

VOID IF TOTAL VALUE EXCEEDS U.S. $

SAGAN / DRUYAN

MCO 1

CORNELL UNIVERSITY
Center for Radiophysics and Space Research
Space Sciences Building
Ithaca, New York 14853

Laboratory for Planetary Studies

Telephone (607) 256-[illegible]

June 16, 1976

Sir George Porter, F.R.S.
Director and Fullerian Professor
of Chemistry
The Royal Institution
21 Albemarle Street
London, W1X 4BS England

Dear Sir George:

Many thanks for your extremely kind invitation to give the 1977/78 Christmas Lectures at The Royal Institution. I gave Karl Sabbagh only a tentative acceptance when he proffered the original offer. Enclosed is a copy of my letter to him in which I express a little concern about the question of demonstrations versus slides. While I can think of nothing which would give me more pleasure than to give these talks and to spend two and a half weeks in the heady artistic and intellectual environment of London I do not want to disappoint you. Were I to give a talk on "Extraterrestrial Life and Intelligence" I would be in even greater difficulty with demonstrations than on a topic such as Planetary Exploration. Perhaps you could tell me your impression of the points I raise in my letter to Sabbagh who, incidentally, seems not to have raised any objections.

With all good wishes to you and Lady Porter,

Cordially,

Carl Sagan

CS/ajs
ENCL/

Professor Carl Sagan,
c/o Brown's Hotel,
Dover Street,
London
W1A 4SW.

19th December, 1977.

Welcome to London and the Royal Institution. I hope the trip was comfortable and that you have a good night's sleep so that you are ready for the rigours of tomorrow.

Your expenses await you at the Royal Institution and you can collect them from the Bursar, David Miller, at any time.

You will be interested to know that you have a very distinguished audience indeed for the first lecture since it will be attended by T.R.H. The Prince Andrew and The Prince Edward, H.R.H. The Duke of Kent (our President) and The Duke of Kent's eldest son, The Earl of St. Andrews. My wife and I are having a special tea-party at 4 p.m. after the first lecture only which we hope the Princes will attend and have the chance of meeting you. It will only last half-an-hour or so and I have asked the BBC to see that you have no other commitments at that time.

Looking forward to seeing you tomorrow.

All best wishes,

亲爱的乔治爵士：

衷心感谢您对我的厚爱，邀请我在皇家科学院担当1977/1978年度圣诞讲座的主讲人。先前当卡尔·萨巴格（Karl Sabbagh）提出邀请时，我只是给了个模棱两可的决定。随信所附的是我给他的回信的一份复印件，在信中，我表达了有关幻灯片上一些演示证明的问题。然而我可以想象，没什么比为大家做演讲更能让我感到快乐的了，并且我会在伦敦这个艺术与智慧并存以至于令人陶醉的气氛中待上两个半星期，我可不想让您失望。如果是讲述“地外生命与智慧”这个话题，我可能会在寻找证据方面感到比“行星探索”这类话题更困难。对于我给萨巴格的复信，可能您会告诉我您对其中所提观点的态度，而萨巴格对此似乎并没有什么反对意见。

向您和您的太太致以最诚挚的问候！

卡尔·萨根

1976年6月16日

伦敦以及皇家科学院热烈欢迎您的到来。我希望这趟行程会让您感到舒心，您会安然入睡，度过一个美妙的夜晚，这样才能够应付明天的艰苦授课。

您的费用已经由皇家科学院给您准备好了，您可以从财务主管戴维·米勒（David Miller）那里支取，随时都行。

将有极尊贵的听众造访您的第一场讲座，您或许会对此感兴趣——参加讲座的有安德鲁王子（Prince Andrew）与爱德华王子（Prince Edward）殿下，肯特公爵阁下（Duke of Kent，我们的首相）以及肯特公爵的长子圣安德鲁斯伯爵（Earl of St. Andrews）。我的太太和我会在第一场讲座结束后的下午4点举办一次特别的茶话会，希望王子们能出席，这样就有机会与您见

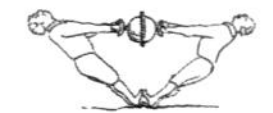

面了。这只会持续半小时左右的时间。我还邀请了BBC前来，那时您也没有其他事务了。

明天见！

衷心祝福！

1977年12月19日

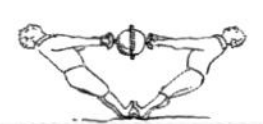

直击现场

阿伦·阿加沃尔（Arun Aggarwal）在成为1977年圣诞讲座助理的时候仅有18岁。尽管他先前到过伦敦，但对即将在皇家科学院度过的这六周，他毫无准备。“这是一段匪夷所思的经历，也是你梦想中可以拥有的最棒工作。”他如今这般回忆。他住在厄尔斯考特（Earls Court）一套一居室的房子里，加上来往皇家科学院的交通费与基本的餐饮费，一周正好花去他的30英镑收入。讲座前几周，阿伦在伦敦四处奔波，在哈姆利玩具店（Hamleys）和本地其他商店以及博物馆之间购买或者借还各种物品。对阿伦来说，这个经历改变了他的一生，这是他获得事业成功的跳板。他在剑桥大学读了医学专业，并在这次讲座之后谋得了NASA的一个夏季工作职位，如今已经是一名普通执业医生，对糖尿病与酒精成瘾等病症有着浓厚兴趣。但他永远都不会忘记他在皇家科学院的这些时光。“在此之后的几十年，我一直都会观看圣诞讲座，我的女儿们也是如此。”他说。

第九章
起源

马尔科姆·朗盖尔
（Malcolm Longair）
1990

✧

星系的形成是一个“慢到令人绝望的过程”……

✧

不可思议的时空探索之旅

1. 中微子是什么?
2. 宇宙中现存的最有威力的能量源是什么?
3. 黑洞是如何产生的?
4. 暗物质究竟是什么?

我们将着手解决关于宇宙中一切物质从何而来的难题了。我们将要仔细观察各个星系，而它们隐藏着宇宙中最大的未解之谜的一些线索。我们将要探访遥远的星系，它们似乎拥有难以想象的狂暴核心，同时我们还要解决重力是如何在宇宙持续膨胀之际，还能将星系束缚在一起的棘手问题。在20世纪最后一个10年拉开帷幕之际，这个难题将会带着我们一探天文学的极限。

“我们准备讲讲宇宙中一切物质的起源与演化。”朗盖尔开始了他的讲座，“我们准备做的，是利用一切现代天文学所拥有的技术，尝试为这个宇宙构建起现代天文物理的宏图……我们会告诉你们都有些什么问题，还准备聊聊现代天文学中最深奥的一些问题的答案。”

我们的旅程从星系开始，那是由恒星组成的庞大集团，依靠共同的引力团聚在一起。“星系其实是宇宙的基础构件。”朗盖尔解释道，“它们定义了宇宙的巨型结构。”（在这一系列讲座进行期间，天文学家刚刚开始系统地测定很多星系与我们的距离。）朗盖尔告诉我们，哈佛大学的一组天文学家最近开展了“一次大型研究，将近30000个星系的位置以及相邻星系彼此间的距离都被测量——这绝对是一项超级庞大的事业”。（如今类似的工作已经覆盖超过100万个星系。）“这就给了我们一个三维视角，看看宇宙这个超大构造到底是个什么样。”哈佛的天文学家将他们的发现制作成了一段视频，专门在圣诞讲座上播放给朗盖尔的听众。在屏幕上，星系以一个个微小的光点出现，而我们的视角不断变换，这样就能从不同的角度观察它们。“星系的分布显然不是均一的——看一下所有这些长丝带、这些大空洞，还有这一大片星系。我们可以看到一些星系团。”

“当我们看着自己的银河系时，大多数可见的物质，其实都包含在恒星之中。”朗盖尔解释着，“肯定存在这样一种十分有效的浓缩方式，可以在开始时将非常分散的气体压缩成致密物体，也就是我们所称的恒星。”为了知晓在一颗像太阳这样的恒星内部都发生着些什么，我们需要一种能够观察其内部的办法。朗盖尔说有一种方法可以实现这个目标，那就是“寻找一些可以从太阳中心位置穿过浓密的外层直接逃逸的粒子……这些粒子被称作中微子”。中微子是非常细小的粒子，几乎完全没有质量，会在太阳的内核大量产生。“每一秒，在我们这间讲堂的每一平方米内，都会有1000万亿个中微子穿过。你感觉到它们了吗？”他询问他的听众。“没有！因为它们直接穿过去了。它们压根不会和物质产生互相作用，这也就是为什么它们可以从太阳深处逃逸，并光顾地球。如今，对于我们有关太阳内部的理论，它们提供了一种卓越的验证方法。”

马尔科姆·朗盖尔（1941—　）

1941年，朗盖尔出生于邓迪（Dundee），在射电天文学方面建树颇丰。1967年，他在剑桥大学完成了自己的博士学业，师从1965年圣诞讲座联合主讲人之一的马丁·赖尔。1997—2005年，他在剑桥著名的卡文迪许实验室担任负责人。1980—1990年，朗盖尔还接受了苏格兰皇家天文台主管的职位。在2000年的新年授勋名册中，他荣获大英帝国司令勋章（CBE，Commander of the Most Excellent Order of the British Empire），并在2004年入选皇家学会会员。

如果物理学家们准确理解了太阳的物理性质，那么就可以预测会有多少太阳中微子产生，而这可以与我们实际在地球上观测到的中微子数目进行比较。然而这两个数字并不匹配。“坏消息是，只有理论数量三分之一的（中微子）被观测到。这让人非常揪心，因为这样的结果意味着我们为太阳这颗可以研究到的最近的恒星所搭建的模型正确与否仍未可知。是我们的核物理学错了吗，还是我们对太阳的结构理解错了？”他问道。（后来证明是前者错了。1998年，物理学家发现中微子具有三种“风味”，一颗中微子可以在三种不同形态之间变换。而当时的科学家并不知道这一点，因此朗盖尔所讲的实验没有将那三分之二在前往地球旅途中变身的太阳中微子检测到。）

“今天我们准备讨论宇宙中现存的最有威力的能量源：类星体（quasar）。”朗盖尔在开始第三场讲座时讲道，“现在所说的类星体，属于质量超大星系中一种非常罕见的类型。”通过对它们进行观察，“我们正在跨进所谓高能天文物理的王国，并且是现代天文物理学中最令人兴奋的领域”。Quasar是短语 quasi-stellar object（类似于星体之物体）的缩写。它们就像恒星一样以光点的模样出现，但所处的距离无比遥远，任何寻常的星体都将因此变得不可见。而第二次世界大战之后兴起的射电天文学，首次向人们展示了这些奇怪的物体。“有一些星系发射出的无线电波，其强度达到了我们银河系的1亿倍——所以说我们自己所在的这个星系相比那些巨大的无线电射电源而言，不过是萤火之于皓月。”

关于超远距离星系发射如此高强度无线电的原因，任何解释都离不开一个事实，那就是一个类星体可以在数年的时间里使其无线电强度增加至7～8倍。它也可以在几天的时间里改变它所发射的X射线。变化的周期与辐射的本体大小有关。这也就意味着，“产生能量的区域肯定不足一光年，而且可能是小得多，蜷缩在星系中央深处。……我们已经发现，自然界可以借助一些方式从非常紧密的区域中产生极度强大的能量”。

朗盖尔说，天文学家已经知道了一些高能而紧密的物体。他讲了脉冲星被发现的故事，那是1965年圣诞讲座联合主讲人之一的安东尼·休伊什与他学生乔斯林·贝尔-伯内尔的杰作（见第72页）。这些星体时常从邻近的恒星那里吸取气体，在这个过程中质量变得更大。然而，它们的质量是有上限的——“大概是我们太阳质量的两倍”，超过这个上限，这些星体便再也无法抵抗重力、维持自身。“（随

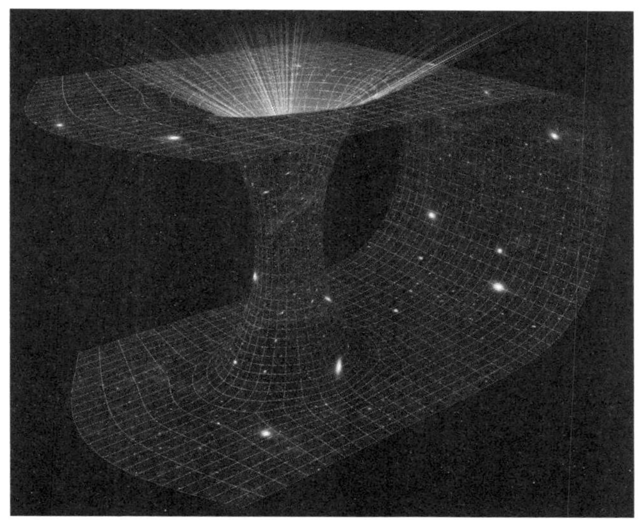

黑洞

后，）就没有什么力量可以阻止（它）发生坍缩，变成一个黑洞。换句话说，不会有任何可以支撑恒星的推动力。”

“黑洞其实是宇宙中这样一些区域：它们的重力十分强大，可以压倒其他任何一种物理作用力。”朗盖尔解释道。任何物体如果靠得太近，都会被它们吸入。当物质旋转着进入黑洞时，会形成一个圆盘，就是我们所熟知的“吸积盘”。随着气体与周围的物质之间发生摩擦，“摩擦力使得黑洞的内层变得更热。这是产生超大能量的好方法”。这个过程，现在被认为是类星体的能量来源。类星体的变幻，是由于黑洞在不同时间吸入物质的总量发生了改变。

不过星系最早诞生的地方在哪儿？“（这是）整个天文学与宇宙学中最难以回答的问题之一。”朗盖尔说道，“我们今天准备讲的，是一个很复杂的侦探故事，而且……当我们结束时，问题会比答案更多。不过我想做的，是带着你们……直接来到目前知识的最边缘，而当我这么做的时候，还会蹦出很多不确定性。但这是现阶段整个科学中最令人兴奋的研究领域之一。”

多亏了美国天文学家埃德温·哈勃的杰作，我们自1929年便已经知悉星系正在离我们远去，互相之间也越来越远。最遥远的星系，看上去移动得最快。“现在就让我们利用天文学来计算速度，证明一下这到底有多快。我在这个板凳上放了一只警哨。现在，我并不希望你们当中很多人看到这只警哨，但我准备对它做点特别的事情——吹响它，这样你们就能听到固定频率的声音。”这只哨子被接上了某种塑料管，朗盖尔抓着它绕着自己的脑袋旋转。声音频率不再固定——离我们近时，音频会升高，远离时则会下降。

“这也就是说，当哨子朝你靠近时……（声波的）波长变得更短，而频率变得更高……而当它远离你的时候，波长增加了。”他解释道，“事实上，通过波长变化值……与声音波长的比值，我们可以计算出哨子的速度。”天文学家利用遥远星系的光线，做了类似的工作。“他们寻找……遥远星系光线信号的变化值，根据波长相对于静止波长（当一个星系静止时，应该发射出的光线波长）增加的比例……他们可以非常精确地计算出星系速度。这就是哈勃所做的工作。”

宇宙正在膨胀的事实，意味着星系的形成已经十分困难——重力试图将恒星与气体编织在一起，但宇宙的膨胀在不断地拉大它们之间的空间。星系的形成是一个“慢到令人绝望的过程”，朗盖尔讲道。除非在早期宇宙中存在高度集中的物质团让球体旋转起来——能使物质集聚的种子，否则星系就不可能有时间成形了，不过很显然它们已经成形了。如此集中的物质团会让早期宇宙中存在一些区域，它们比其他地方略热一些。

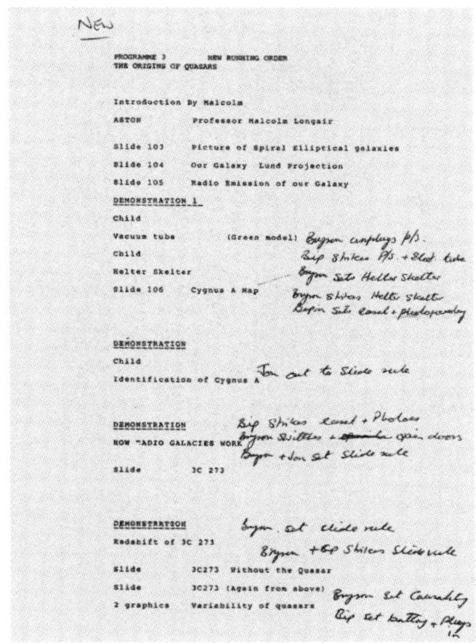

NEW

PROGRAMME 3　　NEW RUNNING ORDER
THE ORIGINS OF QUASARS

Introduction By Malcolm

ASTON　　Professor Malcolm Longair

Slide 103　　Picture of Spiral Elliptical galaxies

Slide 104　　Our Galaxy　Lund Projection

Slide 105　　Radio Emission of our Galaxy

DEMONSTRATION 1

Child

Vacuum tube　　(Green model)

Child

Helter Skelter

Slide 106　　Cygnus A Map

DEMONSTRATION

Child

Identification of Cygnus A

DEMONSTRATION

HOW RADIO GALACIES WORK

Slide　　3C 273

DEMONSTRATION

Redshift of 3C 273

Slide　　3C273　Without the Quasar

Slide　　3C273 (Again from above)

2 graphics　　Variability of quasars

朗盖尔为第三场讲座准备的手稿

幸运的是，天文学家绘制了早期宇宙的温度图，也就是“宇宙微波背景”，缩写为CMB——实际上是宇宙诞生只有几十万年时的“照片”。不过还有个问题，为了提供足够的“种子”以使星系聚集，“（温度的）涨落应当达到千分之一的尺度”。然而他告诉我们，在CMB上实际观察到的涨落只有不到三万分之一。涨落的幅度还不够大。

宇宙微波背景，大爆炸的余晖

“这是一个关于星系生成的大问题——微波背景作为热大爆炸的余晖，平滑得令人难以置信，可我们如今看到的宇宙有一些巨大的空洞、丝带以及星系团。因此这个大问题便是如何调和这两个非常关键的结果。”朗盖尔坦承天文学家现在还不知道如何去攻克，但他准备告诉我们目前的一些想法，“我不得不真心忏悔，因为我还没告诉你们一个令人十分不安的事实，天文学家们还不知道宇宙中大部分质量是以什么形式存在的。我真的很抱歉……”

“在宇宙中一定还存在一类不可见的物质——暗物质……否则这些（星系）不会存在，然而我们通过各种手段都看不见（它），除了它的引力作用。”朗盖尔讲道。暗物质的总量也许有普通物质的10倍甚至20倍。关键是，因为暗物质和光没有相互作用，它不会在CMB上留下任何的痕迹，这也就意味着早期宇宙的质量涨落应该比CMB温度变化所计算出的结果更大，大到足够形成产生星系的种子。“我很抱歉，这是一幅非常复杂的图像。”朗盖尔说道，“不过人们坚持相信，这正是宇宙中正在发生的事情。”（天文学家如今仍然相信这就是真相，但是没有更可靠的证据证明“暗物质”究竟是什么，因此也存在争议。）

推断出它确实存在的其中一种方式是观察星系。你可以预测，恒星绕着星系中心旋转的速度会随着它与中心的距离的增加而降低（就好比距离太阳越远，行星的速度也会下降）。然而，星系里的恒星具有相当恒定的速度，不管它们的轨道与中心距离有多远。朗盖尔为了说明这个问题，很机智地搭建了一个模型，一些圆环在另一些圆环的内部以恒定的速度运动（见下页图）。这也就意味着，不同于太阳在太阳系中那样，星系的质量并不是大部分集中在中心。因此一定还有一些看不见的物质弥漫在整个星系中。

朗盖尔总结道，这绝不是宇宙最终的图像，还有很多工作需要去完成。“我希望你们中的一些人可以帮助我们，实现宇宙学中一项最伟大的突破。”

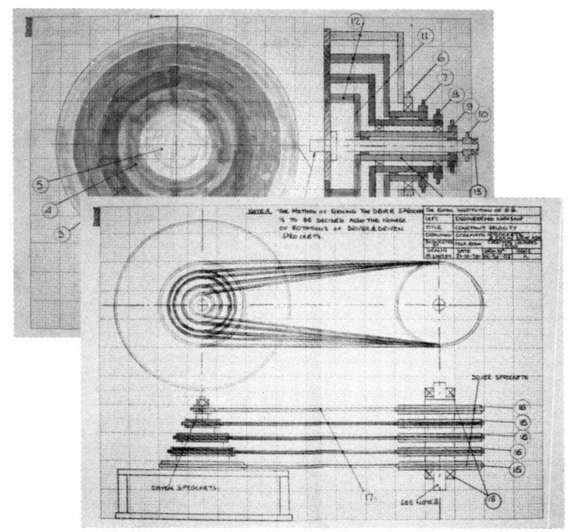

演示匀速运动的最初设计草图，可以说明为什么我们会认为星系中存在暗物质

以下内容来自档案

最终，朗盖尔的六场讲座一共展示了大约80个实例证据，这还是从最初朗盖尔交给助理布赖森·戈尔（Bryson Gore）的那份目录上100个例子中删减的结果。在一封于1990年3月2日写给约翰·默里格·托马斯（John Meurig Thomas）的信件（见右图，译文见后）中，朗盖尔写道：“对于即将给年轻人带来皇家科学院1990/1991年度讲座的计划，我感到非常荣幸，也非常兴奋。”

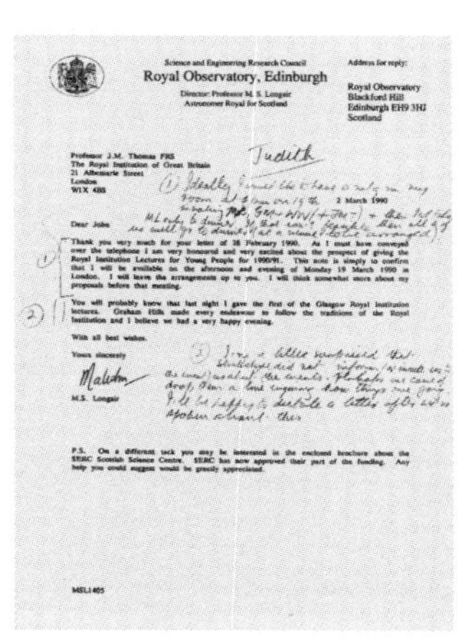

Science and Engineering Research Council
Royal Observatory, Edinburgh
Director: Professor M. S. Longair
Astronomer Royal for Scotland

Address for reply:
Royal Observatory
Blackford Hill
Edinburgh EH9 3HJ
Scotland

Professor J.M. Thomas FRS
The Royal Institution of Great Britain
21 Albemarle Street
London
W1X 4BS

Judith

2 March 1990

Dear John

Thank you very much for your letter of 28 February 1990. As I must have conveyed over the telephone I am very honoured and very excited about the prospect of giving the Royal Institution Lectures for Young People for 1990/91. This note is simply to confirm that I will be available on the afternoon and evening of Monday 19 March 1990 in London. I will leave the arrangements up to you. I will think somewhat more about my proposals before that meeting.

You will probably know that last night I gave the first of the Glasgow Royal Institution lectures. Graham Hills made every endeavour to follow the traditions of the Royal Institution and I believe we had a very happy evening.

With all best wishes.

Yours sincerely

Malcolm

M.S. Longair

P.S. On a different tack you may be interested in the enclosed brochure about the SERC Scottish Science Centre. SERC has now approved their part of the funding. Any help you could suggest would be greatly appreciated.

MSL1405

亲爱的约翰：

非常感谢您在1990年2月28日寄来的邮件。我肯定已经通过电话表达过：对于即将给年轻人带来皇家科学院1990/1991年度讲座的计划，我感到非常荣幸，也非常兴奋。这封信主要是简单确认一下与您的会面。1990年3月19日星期一的下午及傍晚我都会在伦敦，悉听尊便。在见面前，我会再仔细打磨一下我的提案。

您或许已知悉，昨晚我在格拉斯哥皇家科学院的讲座中第一个出场。格雷厄姆·希尔斯（Graham Hills）尽可能沿袭了皇家科学院的传统，我相信我们度过了一个愉快的夜晚。顺颂时祺

您最真诚的

M. S. 朗盖尔

1990年3月2日

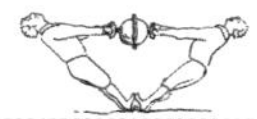

又及：

另外，您也许会对我随函附寄的SERC（科学工程研究委员会）苏格兰科学中心的小册子感兴趣。SERC现在已经赞助了部分经费，您若不吝帮助，我将不胜感激。

直击现场

1987—1997年，布赖森·戈尔曾是皇家科学院的讲座及实验室助理，并且负责协助朗盖尔准备他1990年讲座的幻灯片。不过，这已经不是戈尔第一次和这个激情的苏格兰人打交道了。“在大学时代，我就已经作为一名学生听过马尔科姆做的报告。他的讲课风格非常鲜明。”戈尔甚至和其他学生打过赌，猜测朗盖尔这么活泼的讲课形式可能会导致他哪天在登上卡文迪许实验室的讲台时摔倒。他的旺盛精力也是电视制作人员在拍摄圣诞讲座时必须考虑的事。“尽管摄像人员在实况转播方面都训练有素，但对他们来说，这事也还是有些棘手，因为他会在整个讲堂里到处转。”他回忆道，“他是一位了不起的讲者，太有活力了，特别有激情。”

第十章
宇宙洋葱

弗兰克・克洛斯

（Frank Close）

1993

✧

在这样的撞击中，你正在创造仿佛早期宇宙那样的剧烈条件，你也即将打开一扇窗，窥视时间的开端。

✧

不可思议的时空探索之旅

1. 消失的夸克在哪里?
2. 是什么把原子核“抓”在一起?
3. 粒子之间的力是如何相互作用的?
4. 反物质都去了哪里?
5. 希格斯玻色子是什么?

我们已经介绍过的大多数讲座都探索着非常大的主题：从月亮到银河，从太阳到无数的恒星。但弗兰克·克洛斯这位讲者回到了很小的视角：编织整个宇宙的原子及其内部构造。我们将会穿越回大爆炸时期，看看自然界的“砖块”是如何在随后产生的旋涡中形成的。我们还将踏上深入了解全世界粒子加速器的旅程，物理学家们正在那里忙着将原子融合到一起，希望借此再现大爆炸之后瞬间的条件，然后四处搜寻新粒子的残片。

“我们准备一层层地剥开宇宙的外衣，然后深入物质的核心，试着发现构建万物的最小单位，你、我和所有可以看到的这一切都不例外。”克洛斯如此拉开了第164届圣诞讲座的帷幕。他所谓的“宇宙洋葱”的第一层，是指我们可以用肉眼看到的各种事物，但宇宙真正的本质远远比这一层藏得深。

最外层之下就是原子，但“原子也不是我们故事的重点，因为在原子内部我们发现了原子核”。在原子核之内还有夸克——“创世的原始种子”，是在大爆炸之后即刻形成的。“（它们）在时间的开端便已形成，当时宇宙还非常热。随着宇宙慢慢冷却，它们便深深藏在了原子之中，最后整个藏在我们如今所能看到的物质内部。某种程度上我们就像是考古学家——我们搜寻着消失的夸克。”

讲座安排表封面

“我们现在正在探索原子与分子的路上，”克洛斯说道，“所以看到（它们）的时候，到底其中都有些什么？”我们肉眼看到的光，不过是一种形式的电磁辐射，而他此时还用一个实验向我们证明这一点。他再次说起了詹姆斯·金斯的比喻，将可见光与“八度声频”进行类比，相当于钢琴上中间的八阶音符（见第49页）。克洛斯改装了一个键盘，演奏时只有在中间八阶上弹出的琴音才可以被听到。一位名叫克劳迪娅（Claudia）的女孩从听众席上被叫了出来，在全键盘上弹了一段音乐，但由于只有几个键可以发出声音，所以听起来一塌糊涂。不过，当克洛斯让所有键都能发出声音后，这首曲子立马就被识别出来了，原来是《绿袖子》（译注：*Greensleeves*，英国著名民谣）。“现在展示的就是光的交响乐，但你们无缘欣赏。”他列举了X射线、无线电波与微波等几个例子。他还解释称，从1945年起，我们观察宇宙的视野已经延伸了许多，不再只是借助可见光这仅有的一个“八度”去进行研究（第二次世界大战见证了更为敏感的无线电技术的发展，后来便用于射电天文学观测了；详见第67页）。“通过此技术，我们发现了很多过去从来无人观察过的一些奇观异景。”

要想看到原子与分子，我们需要使用一种可以被它们反射的光。波长的概念在这里是非常重要的，这是指光波相位重复时的距离。“波长必须比你想找的物体更短才行。”克洛斯解释道。X射线的波长非常短，是探寻原子结构的理想光波。而且，随着物理学家开始逐渐理解原子的结构，他们开始明白我们的太阳是如何产生能量的。“下一次你们出去躺在太阳底下晒日光浴的时候，千万记得要用些这玩意。”克洛斯一边说，一边指向一瓶防晒霜，“因为你准备做的事情是躺在一个核反应堆的照射之下。”直到20世纪我们才发现是什么造就了灿烂阳光，而这一切都始自放射性——一些原子有规律地从自身散发能量的过程的发现。

放射性遍布我们周围。“我们身处一个放射性的背景之中。”克洛斯说道。为了给我们展示，他拿起一台盖革计数器（一种用于测量所在区域放射性水平的仪器）靠向一块普通的石头，很显然它有辐射。在19世纪与20世纪之交，欧内斯特·卢瑟福发现放射性辐射有两种成分：α射线与β射线（我们现在知道还有第三种，即γ射线）。随后他借助α粒子彻底改变了我们对原子的认识。1911年，卢瑟福将α粒子射向一片薄薄的金属箔。大多数粒子都径直穿过去了，不过让他吃惊的是被反向撞回的一颗奇怪粒子。他总结，金属箔的原子在它们的中心位置具有一个紧密的核心，一颗α粒子偶然撞向了这个“原子核”并发生折返。原子核由被称为质子的正电荷粒子与被称为中子的中性粒子构成。绕着原子核旋转的是负电荷的电子，抵消了原子核的正电荷。

“我们这就揭示太阳工作的关键原理。”克洛斯讲道。最简单的两种原子核分别是氢核（只有一颗质子）与氦核（有两颗质子与两颗中子）。“如果这些小小的质子……撞向了其他同伴，它们就会融合在一起并构建出更重的原子核。或许（太阳的）燃料就是氢，而废料便是氦。”但这儿有个有趣的地方——一颗氦核比四颗质子要略轻一点，也就是产物的质量比原料要轻。1920年，英国天文学家阿瑟·爱丁顿（Arthur Eddington）发现，太阳将这些“损失的质量”都转化成了能量，这根据的是爱因斯坦那个著名的公式$E=mc^2$，公式指出能量（E）和质量（m）的关系系数是光速的平方（c^2）。部分能量以阳光的形式发射，我们能够看到，但光并非唯一由太阳发射出的东西。

弗兰克·克洛斯（大英帝国勋章获得者，1945—　）

克洛斯出生于彼得伯勒（Peterborough），在牛津大学获得博士学位之前，于圣安德鲁斯大学修习物理。他的研究领域带着他深入原子，并试图找出我们身边万物构建的最基本元件。作为一名杰出的科普人士，他成了一名作家，也是一位广受欢迎的演讲者，这得益于他的天赋——将复杂的粒子物理世界用一种通俗易懂的方式进行拆解。1996年，他因对大众物理认知方面的突出贡献，荣获了物理学会颁发的开尔文奖章，并获得2013年度的皇家学会迈克尔·法拉第奖，以表彰其向英国听众传播科学的卓越贡献。

“我们已经被地外来客侵入了。”克洛斯在开始第三场讲座时逗引着听众：

在太空的某处，或许有一颗恒星在很久之前爆炸了，由此喷射出的粒子进入星系的电磁场中，而后者迫使它们剧烈运动。后来，有一些（光临了）地球，地球的磁臂抓住了它们，拽着它们进入顶层大气，在那里它们挤进了我们头顶上方的原子，将它们打成碎片并倾泻到地球上，现在正来到我们这个讲堂。我们称它们为宇宙射线。

太阳也会产生类似的粒子。克洛斯用火花室——一种在两片高压金属之间充满气体的装置演示了一个实验。“如果（被一道宇宙射线）射穿，这个设备就会短路并且产生火花。”十分肯定的是，我们看到了一些火花，这证明的确有宇宙射线一直在我们周围穿梭。

在第二次世界大战之后，科学家更近距离地在大气层上方观察这些宇宙冲撞，并且发现一种新的粒子：介子（几乎与电子相同，但质量是它的200倍）。“仍有一些剧烈的事件会发生，由此产生出类似宇宙大爆炸的巨大能量。”他讲道，“因此我们需要做的，是在地球上一定程度再现这个过程。我们现在正在制造宇宙射线，观察会有什么事情发生。”我们正在进入粒子加速器的王国——利用磁铁对沿着巨大圆圈轨道旋转的细小粒子进行加速，让它们撞到一起，再到残片中进行搜寻。“在这样的撞击中，你正在创造仿佛早期宇宙那样的剧烈条件，你也即将打开一扇窗，窥视时间的开端。”

这样的粒子加速器，比如瑞士日内瓦附近的欧洲粒子物理研究所（CERN）中的那些，已经探测到了只存在百万分之一秒的微小粒子。他告诉我们，这些实验明显证明质子与中子并非“宇宙洋葱”的最内一层。实际上，物理学家们已经发现了五种更小的粒子，也就是夸克（上夸克、下夸克、奇夸克、粲夸克、底夸克）。一颗质子由两颗上夸克（之所以被如此命名是因为它们带有正电荷）与一颗下夸克（带有负电荷）构成；而一颗中子由两颗下夸克与一颗上夸克构成。克洛斯称，物理学家对此模型非常有信心，由此还预测了第六种夸克（顶夸克）的存在，而他们也正在进行搜寻（两年之后的1995年，这种夸克确实被发现了）。

在启动我们的第四场讲座时，克洛斯从皇家科学院讲堂的屋顶上沿绳子滑了下来。“当一名物理学教授像这样从皇家科学院的屋顶上滑下来悬在半空，他是在干什么？”他问道。绳子向上的拉力抵消了地球的重力，使他保持悬吊。“我们准备谈谈作用力了。”他一边解开绳子，一边说道。

已知的基本作用力有四种。有两种我们十分熟悉：电磁作用力与重力。原子间的电磁相互作用，给了绳子足够的强度，从而可以在克洛斯开场时抵抗重力。同样的力也支配着磁铁，它们遵循着相同的规则，即同极相斥、异极相吸。为了证明这种排斥力的强度，我们看到一块电磁铁将一只金属环射到空中好几米高。带有电荷的粒子也遵循着与磁铁一样的电磁规律，原子核包含带有正电荷的质子，因此质子也会互相排斥。“那么为什么我们还能开心地坐在这里，体内的原子核却没有炸得四分五裂呢？”克洛斯问道，“所以一定存在着什么非常强大的东西，是另一种力……它把原子核抓在一起，克服了排斥力。”它被称作“强相互作用力”。最后一种力是“弱相互作用力”，它可以通过一种形式的夸克向另一种形式转变以及引发原子核裂变的方式支配放射性。

然而一颗粒子是怎么知道要去排斥远处另一颗粒子的呢？克洛斯在两名年轻听众的协助下证明了这一点。他们面对面地坐在轮椅上，向彼此不断地抛接一只球，然后他们逐渐分开了。“分离运动之所以会发生，是因为球在其中来来回回，这是他们之间的一种力。”他说道。物理学家们相信两颗粒子之间也存在着一种力，因为它们在不断交换一种更小的粒子——载力子或玻色子。克洛斯告诉我们，物理学家们已经发现，玻色子是造成三种作用力的原因，但造成重力的原因——引力子仍然难以捉摸（至今为止仍是这样）。

与强相互作用力及弱相互作用力相关的玻色子只会在粒子加速器的混沌之中出现。这样的撞击还会制造出一些反物质——几乎就是我们已知粒子的精确翻版，唯一的不同就是它们具有相反的电荷。比如说正电子，就是电子的反物质（质子也有相反的电荷，但它比电子重多了，所以不是电子的反物质粒子）。夸克也有对应的反物质，被称作反夸克。在粒子加速器中，电子束与正电子束从相反的方向射入回旋轨道，被迫发生撞击，爆炸的同时倾泻出巨大能量。“在闪光的一瞬间之后，一颗粒子向一个方向射去，反物质粒子则奔向另一个方向。”通常这会是一颗夸克与一颗反夸克——而在大爆炸之后的百万分之一秒也发生过相似事件，这样我们就知道了夸克的起源。

在最后一场讲座中，我们就能够拼凑出早期宇宙的一条连贯的历史轨迹了。宇宙在充满无限热能的海洋中爆炸了，其中一些能量转化成了一对对电子与正电子或是夸克与反夸克。夸克间的强相互作用力使夸克结合在了一起，并由此制造出了质子与中子，随后它们又撞到一起形成了原子核。后来，电子与原子核结合，又形成了原子。然而，这个谜题中还有个缺失的环节。“那些反物质都怎么样了？”克洛斯问道，“或多或少有些反物质消失了，于是一小部分物质就被遗留下来了。这一点剩下的物质，就是天空中的这些星星，以及你能看到的周围所有的东西。为什么会是这样，这是物理学中最难解决的未解之谜之一（如今也仍然是）。”

另一个摆在物理学家面前的巨大使命是要搞明白，为什么有些粒子具有质量，有些粒子如光子（电磁力的载力子）就没有。克洛斯给我们展示了理论物理学家彼得·希格斯（Peter Higgs）的一幅照片。“他的理论是当今的前沿学说之一，每一个人都在尝试去理解。”这一观点是认为存在另一种玻色子——被称为希格斯玻色子，它们紧紧环绕在某些粒子周围，使得这些粒子在时空中移动变得困难，也就使得它们负重——而我们观察到的现象就是它们具有质量。“这个理论让人们无比兴奋，可以说世界上几乎所有理论粒子物理学家现在都在试图……设计对它的测试，或是用实验证明它是否正确。”他说，“对这些物质的搜寻目前仍然在进行。这是如今最活跃的科学领域，而它的答案会是什么，我也不知道。这只能留给未来，留给未来的某一年。”而这一年便是2013年，在3月14日这一天，难以捉摸的希格斯玻色子被CERN的大型强子对撞机发现，引起轰动。

以下内容来自档案

讲座期间，克洛斯住在皇家科学院的公寓中。在一封于1994年1月17日写给皇家科学院院长彼得·戴（Peter Day）的信（见右图，译文见后）中，他写道：“请转达我对皇家科学院所有人的感谢，感谢他们的热情支持，并感谢迈克尔·法拉第的灵魂，他使我可以在晚上不被打扰。”

SERC

Prof Peter Day
Director, Royal Institution
21 Albemarle St
London W1X 4BS

Rutherford Appleton Laboratory
Particle Physics Department
Building R1

Chilton Telephone (0235) 821900
DIDCOT Fax (0235) 44 6733
Oxon Telex 83159 RUTHLB G
OX11 0QX

Direct line (0235) 44 5276
17 Jan 1994

Dear Peter,

Royal Institution Christmas Lectures 1993

Now that I am beginning to catch up with events after the hectic days of the lectures, I would like to tell you how much I enjoyed the whole experience. Already I have received over 100 positive letters, phone calls and verbal comments from all manner of people, ranging from the private secretary of Rt Hon William Waldegrave MP to lonely old age pensioners for whom the television is a major part of their Christmas. Many of these have commented on the wonderful demonstrations and I would like to pass on my thanks and congratulations to Bryson Gore's team who played such a major part in this success.

However, we were but the visible part of an unseen machine that made the whole come together so smoothly. During the months while we were preparing the lectures the staff at the RI were always friendly and most helpful. Indeed, during the period of Christmas when I was all but resident at the RI, I got to meet many of them and thank some, but not all, for their part in the show. Keeping the lecturer supplied with fresh milk in the apartment upstairs, chasing after obscure documents to help in the lectures, warm welcomes at the front door when one arrived on a cold wet morning; all these and many more made the experience so pleasurable.

Please convey my thanks to all at the RI for their support and to Michael Faraday's ghost for having left me alone at night. I understand that he is a pleasant ghost having been happy at the RI; that is one thing that I can claim to share with him.

With all best wishes for 1994.

Yours sincerely

Frank.

Prof Frank Close
Head, Theoretical Physics Division

亲爱的彼得：

<u>皇家科学院1993年度圣诞讲座</u>

在忙碌的讲座时光过去之后，最近我开始跟上各种事务的节奏，于是我就想跟您说说，对于这整段经历，我到底有多喜欢。我已经收到了不下100次来自各行各业人士的正面评价，信件、电话以及口头评论的方式都有，他们中有威廉·沃尔德格雷夫（William Waldegrave）议员阁下，也有领着退休金、在圣诞节只能与电视相伴的独居老人。很多人都赞赏了讲座中精彩的演示，而我也希望能够向布赖森·戈尔的团队致以感谢与祝贺，他们在此次的成功之中居功甚伟。

然而，在这台隐居幕后推动着所有事情平稳发展的机器上，我们不过是几个可以被看到的零件。在我们准备讲座的几个月时间里，皇家科学院的职员一直非常友好，也提供了很多帮助。

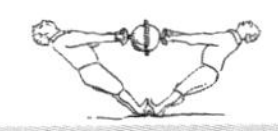

实际上，在圣诞节期间，我差不多已经成为皇家科学院的常驻人员了，我认识了其中很多人，也对部分人（很遗憾未向所有人）在此次活动中所做的工作表示过感谢。楼上的公寓一直都有鲜牛奶供应，有人为了讲座去查证模糊的文件，有人在湿冷的早晨向刚到的人们送去温暖的问候，所有这些以及其他更多的细节，使得整个过程令人愉悦。

请转达我对皇家科学院所有人的感谢，感谢他们的热情支持，并感谢迈克尔·法拉第的灵魂，他使我可以在晚上不被打扰。我知道，他是一个可爱的灵魂，而且曾在皇家科学院度过快乐时光，而这也是我自称可以与他分享的一段经历。

祝您新的一年万事如意！

您最真诚的

弗兰克·克洛斯教授

理论物理分部负责人

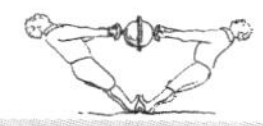

弗兰克·克洛斯自述

我们已经准备并计划了几个月。就在1993年的圣诞节前，我来到了阿尔伯马尔大街准备进行彩排，那是第一场讲座的前两天。我面对着BBC的几辆室外广播车，车上一大堆电线就跟脐带一样连进了上方皇家科学院的窗户。很多人正在四处奔忙，看起来非常专业。随着恐慌的加剧以及“冒牌货综合征”的病态感受，我意识到这些都是为我准备的。威廉·伍拉德（William Woollard）这位出色的制作人，瞬间就让我变得平静，事情很快就变得有趣了。

几周后，所有工作都结束了，“宇宙洋葱”系列讲座大获成功。罗比·布赖特韦尔（Robbie Brightwell）也一道前来，他是《生命的故事》（*Life Story*）的制片人，那是一部有关弗朗西斯·克里克（Francis Crick）和詹姆斯·沃森（James Watson）的获奖影片。罗比打算基于我们在讲座中讲到的内容制作一些有关粒子物理的电视节目。然而，BBC的一位高级“门卫”断言粒子物理不可能在电视上播出。多神奇的20世纪啊！

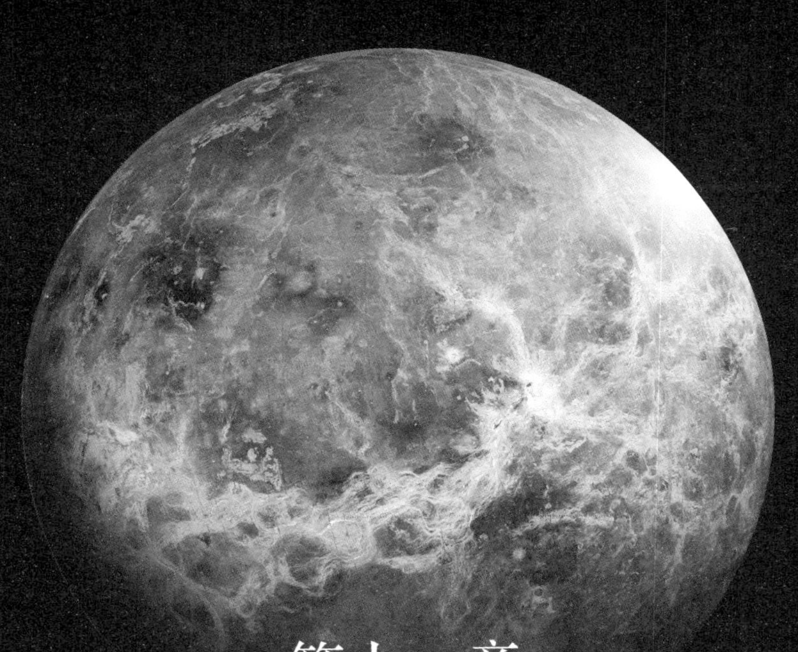

第十一章
时间之箭

尼尔·约翰逊

（Neil Johnson）

1999

✧

任何物体——太阳、行星、黑洞，抑或

你和我——都会扭曲我们身边的时空。

✧

不可思议的时空探索之旅

1. 时间旅行是否有可能？
2. 光波的运动有多快？
3. 光阴流逝的差别是如何产生的？
4. 原子跃迁的过程是怎样的？

约翰逊的讲座探讨了一些最精深的问题，也许可以涉及我们对世界的体会。我们是在这种概念中长大的：我们理解时间的基本机制，一台时钟的所谓稳定的特性，就是当时间过去一秒，它也会走过一

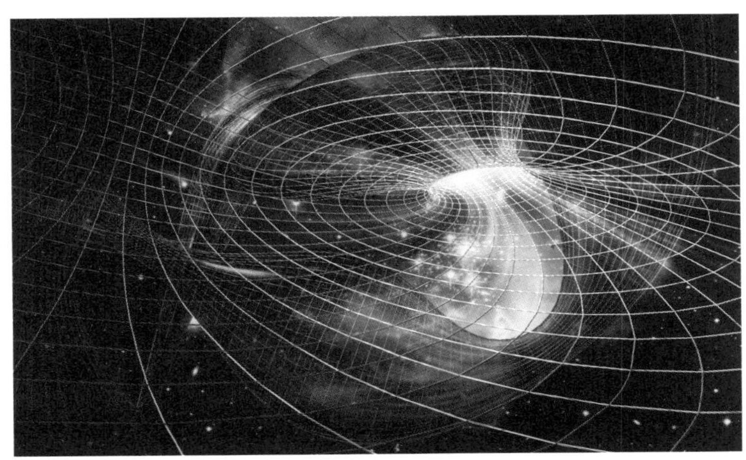

时空旅行模拟图

秒。然而物理学中的发现，尤其是过去的20世纪及其前后的发现，让一切都发生了彻底的改变。我们将会看看，改变你感受到的时间的速度是否有可能实现，并正面解决一个或许可以被称作最大难题的难题：时间旅行是否有可能?

约翰逊这样开始了他的第一场讲座："1999年是非常特殊的一年……因为它不仅是千年之交，同时是皇家科学院成立200年之年。所以，还有什么主题比讨论时间更合适呢……在本系列讲座中，我们将会发现，对于'时间究竟是什么'这个问题，这200年的科学发展彻底改变了我们的认识……我们将会看到，我们如何通过观察光波，得到了有关时间本身的一些变革性发现。"

我们可以将光想象成一种波，具有上上下下振动的重复性图案，就像我们在海滩上可以看到的那种波浪。然而，光波的传播究竟有多快？约翰逊邀请听众席中一个名叫海伦（Helen）的女孩帮助他做一个验证，道具包括一台微波炉以及一些棉花糖。微波炉发射的微波是一种形式的光，类似无线电波和我们肉眼能看到的可见光。约翰逊向微波炉中放了一盘棉花糖，而炉中的转盘早已被移除。微波炉的烹饪方式并不均匀，发射出的微波会在一些位点上下移动，这些地方就会蕴含更多能量，但其他部分就不会有这么多，这就在炉内造成了一些"热点"。当棉花糖被取出后，很容易看出，有一些已经被熔化而其他的还没有。"真的可以看到一幅图案。"约翰逊说道。相邻两条熔融棉花糖带之间的距离，就等于微波波长的一半。借助一把尺子，海伦计算了糖带之间的距离约为0.12米。将这一结果与微波振动的频率相乘就可以得到速度。幸运的是，微波炉的背后就写有频率数值2450兆赫（每秒24.5亿次振动）。海伦在计算器上将上述两个数字相乘之后，得到每秒2.94亿米的结果。约翰逊展示了一张卡片，上面写的是公认的光速数值，即每秒3亿米。

“事实证明，海伦不仅计算出了光速，她还算出了宇宙中移动速度最快的事物。”约翰逊说，“这个发现的故事实际上是科学中最伟大的革命之一……并且它告诉我们一些事，这些事彻底让时间发生了变革。”这便是阿尔伯特·爱因斯坦的工作。“光速的问题让他很发愁。”约翰逊讲道。爱因斯坦得出结论，认为光速对所有观测者来说都是一样的，“不管你坐在这儿，还是正乘坐大巴回家，又或是你坐在‘进取号’星舰（译注：著名科幻电影《星际迷航》中一艘星舰的名称）上。在他提出这一想法之后，已经被操作过的每一个实验似乎都证实，光速对所有观测者来说都是一样的”。

爱因斯坦有关光速的一些观点，对我们理解时间来说有着意义深远的暗示作用，而我们之所以能看到这一点，还需要感谢另一位志愿者鲁比（Ruby）参与了实证。她盘腿坐在一辆木制的小车上，手中握有一只球，而球的内部有盏灯，代表光线的一个脉冲。她先是上上下下地扔着球，不过随后约翰逊便拉着车在地面上移动，而摄像机镜头一直跟随着球中发出的光。我们看到球正在沿着锯齿形的波状轨迹运动。“某种奇怪的事情发生了——我们看到了与鲁比眼中不同的现象。鲁比坐在推车中，（对她来说）球在不变的距离上运动……上上下下，不管她是固定不动，还是我拉着她运动，都是如此。然而，对我们来说……球不仅会上下运动，也在跟着向前走——它运动的距离更远。”还记得这颗球是代表光的脉动吧？而我们刚刚同意光速对所有观察者来说都是固定的，而速度等于距离除以时间。“那么如果速度保持不变而距离却不同了……那么时间对鲁比和对我们来说就势必不等同了。”约翰逊说道，“现在这问题开始让人大开眼界了。”

尼尔·约翰逊（1961— ）

约翰逊出生在绍森德（Southend），在哈佛大学获得博士学位之前，曾在剑桥大学读书。他是复杂系统领域的专家：一组目标或个体如何表现得像一个群体，取决于它们各自之间的相互作用以及外界影响，比方说在物理学、生物学、医学、社会群体或是金融市场中，都是如此。他发表了超过200篇研究论文，还是两本书的作者。自2007年起，他成为佛罗里达州迈阿密大学的物理学教授。

“想象一下鲁比还有一个双胞胎姐妹。鲁比乘坐一艘太空飞船离开了很多年，（然后）又回来了。鲁比在太空飞船上计算的时间，与她的孪生姐妹在地球上计算的时间可不同。”对鲁比来说，消逝的时间更短，因此当她回到家时，会发现她现在比她的孪生姐妹要年轻，尽管她们出生在同一天。“光阴流逝的不同，取决于你是如何运动的。”约翰逊说，“这太奇幻了，所以我觉得我们应该仔细验证，看看是不是真的如此。”

英国国家物理实验室的约翰·莱弗蒂（John Laverty）带着他的“同卵双胞胎”来到了现场，那是一对高度精确的原子钟。莱弗蒂在我们面前将它们进行同步，这样就会显示同样的时间，只有一秒的十亿分之四的误差。“约翰，如果我们带上其中一台钟来一次旅行再带着它回来，那么到最后一场讲座时，我们是否能够证明爱因斯坦的理论？”约翰逊问道。“没错。”莱弗蒂说道。“那么，这里有几张飞往上海的机票，带上你的钟，让我们看看爱因斯坦说的对不对。”最终，莱弗蒂的助手给原子钟安排了属于它自己的座位，搭乘了航班。

关于我们如何开发出原子钟的故事，可以回看弗兰克·克洛斯在1993年度的圣诞讲座，当时他给听众讲述了欧内斯特·卢瑟福所做的实验（见第131页）。卢瑟福意识到，原子一定包含一个处于中心、带有正电荷的原子核，而电子就在核外的轨道上旋转着。然而，电子究竟是如何绕轨运动的？对此，另一位物理学家尼尔斯·玻尔（Neils Bohr）精确揭示了其中的奥秘。“实际上电子是像波一样做着绕轨运动。”约翰逊解释道。说得更直白一些，就是它们不能随心所欲地运动。“它们必须具备确切的频率以及确切的能量。”玻尔认为原子具有不同能级，而约翰逊将这个概念比作楼层。一颗电子，它要么在底层，要么在二层，而不能占着两个楼层之间的某个空间。

与此同时，在这些能级之间发生的跃迁是关键要素。如果我们给一颗处于底层的电子足够的能量，那么它就可以跳跃一个能级来到二层。反过来，如果一颗电子下降一个层级，它也会释放出能量。“（当）原子中的电子在外层与内层之间形成跃迁……（就会发射出）一道确定频率的光……每秒振动的次数也是确定的，这是一个很大的数字。”他讲道，“与此同时，如果我们测出这些数字，就可以利用它去定义一秒的时间，也可以用它来测量每一秒流逝的过程，而这也就是原子钟背后的原理。”事实上，在此前两年，一秒的国际定义被认可为等同于铯-133原子的电子跃迁两个能级时辐射光线振动9192631770次所需的时间。这样的钟在100万年里才会出现1秒的误差。

“时间旅行是现实还是小说？”在最后一场讲座开始时，约翰逊这样问道。“今天我们得去看看，为了让不可能变为可能，我们究竟需要做些什么。这次旅程中，我们将前往目前人们对时间的认知的外延，并直面20世纪末理论物理学家面对的最棘手的问题。所以，请坐好了，别走开。”

现在该说回那两台同步的原子钟了，“它们超级精确……因此显示时间不会出现一点点偏差”。莱弗蒂将钟从上海带回，该揭晓实验的结果了。这台跨越大洲而又折返的钟，比起它的“孪生姐妹”“老”了一秒的十亿分之六十六。“所以这台钟刚刚经历了时间的扭曲。这并非时差，而真的是一种时间扭曲——时间发生了弯曲。”莱弗蒂说道。然而，我们之前曾被告知，运动更快的那位应该比另一位固定不动的年轻才对。这其实取决于两个因素：“（飞机的）速度会使它更年轻，但（更弱的）引力则会使它变老，而综合下来，引力因素赢了……我们可以用相对论将两者完全结合起来。”这是因为，运动更快并不是让你的衰老过程变慢的唯一途径。受到更强的引力，也有着同样的效果。由于原子钟在旅行时处于高空，它受到的地球引力更弱，因此总的来说，尽管它移动更快，但还是比它的“孪生姐妹”“老”得更快。

“时间和空间是相关联的。”约翰逊说道。爱因斯坦称之为时空合并。“我们对此并不熟悉。通常我们会到处走走，或是乘坐大巴什么的，不管怎样，我们都觉得时间不会被影响……然而爱因斯坦并不这样说。”对此理解得更深一些，会有助于我们回答那个终极问题，也就是时间旅行是否可以实现。我们需要了解一下光锥的概念。想象一下，一个光源向外发射出一道道光波，就像是池塘表面的泛泛涟漪。接着再想象一下，在不同的阶段拍下快照，并将这些照片一层一层地摞起来，观察随着时间变化事件的进展。在最初的照片上，波纹的圆圈还很小，但在一张张连续拍摄的照片中，我们可以看到它随着波纹的传播而缓慢增大。看一看这些叠在一起的快照，你就可以构筑出一个像甜筒一般的圆锥。“重要的是，我们没有办法让自己的旅行比光速还快……因此，任何目标若是从底部出发，都将待在这个甜筒（译注：此处的cone翻译为圆锥亦可，但考虑到讲座的听众是青少年，译为甜筒更形象，同时也在前文增加了修饰词‘甜筒一般’）之中。”约翰逊指向一个模型，描述着时间的“切片”。

“现在，如果我准备来一场时间旅行，回到空间上的同一个点，但却是更早的时刻，”他一边说，一边走向一个完整的圆锥模型，不过模型顶上接了一根棍子，代表着比未来更远的时空，“我现在就得这么做。”他说着便将棍子掰回去戳穿了圆锥的底部。不过在这么做的时候，他已经突破了光锥的限制。“因此看起来要想进行时间穿梭，我需要比光速跑得更快一些，但这不会发生。”是爱因斯坦告诉了我们这一点，但他同时也告诉我们，引力对时间还有影响（这也是为什么原子钟在从上海返回之后比它的“孪生姐妹”更“老”一些）。

“（爱因斯坦）说过……任何物体——太阳、行星、黑洞，抑或你和我——都会扭曲我们身边的时空。”约翰逊解释道。任何经历了这种扭曲的光，在我们面前出现时都被弯曲了。“因此我们利用引力使光线变弯。如果我们要完成穿越时间这件任务，我们就需要将这个光锥扭曲，这样这根（棍子）就永远不会真的离开这个光锥。”这就需要有大到足够有效弯曲时空的物体。“科学家正在试图算出，多大的质量能够让你真的实现这一点。”他说道。如果时空可以被有效地弯曲，那么你就有可能将时空中两个互相隔离的位置串联起来，从而制造出一条捷径，一条空间与时间的双重捷径。“它被称为虫洞。”约翰逊说，“物理学中的定律没有哪一条说过虫洞不能实现——我们只是还没有发现任何一个。因此时间旅行看起来是可行的。”

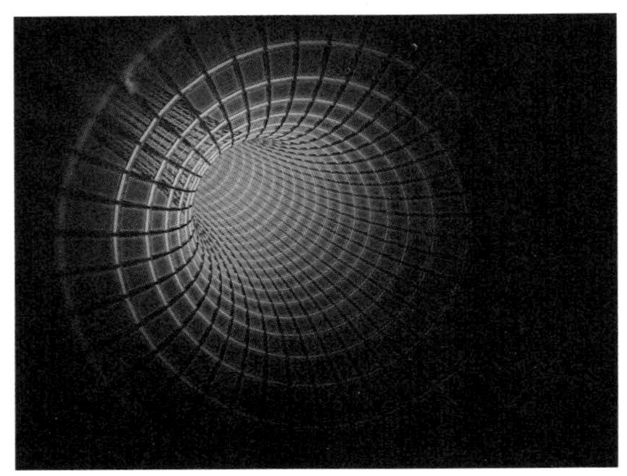

虫洞模拟

不过这其中还有一些问题，尤其是你是否可以遇见过去的你。约翰逊一步步走进一个模型虫洞以证明这一点，而当他从另一端走出来时，遇到了更年轻的“自己”（其实是他的儿子）。“也许我会告诉自己，哎，别学物理了，还是学音乐吧。那么，我现在就不会在皇家科学院举办圣诞讲座了，那我还怎么能够回到过去发现我自己呢？”这是一个时间旅行的悖论——一种逻辑上的矛盾，所以其实还有很多奥秘需要我们去解决。“（所有这些）到底如何关联在一起的，我们还不知道——这是留给未来的问题。实际上，这是留给你们所有人的。”他一边说，一边慢慢地让圣诞讲座落下帷幕，留待来年再相见。

尼尔·约翰逊自述

对我来说，最精彩的一点是通过两台原子钟证明空间与时间是耦合的——根据爱因斯坦的相对论。真的是太令人瞩目了！我在很多年前教过这些材料，但从来没有在自己眼前证明过——而且我怀疑每个观看的人都是如此。

最有趣的地方是当我证明祖父悖论的时候，而这也被用来作为反对时光倒流的论据。在电视直播中，我穿过了一个虫洞（实际上是一顶帐篷），然后再出现时抱着一个年轻版的我，也就是早些年还是孩子的时候，在我决定成为一名物理学家之前。这个概念就是，如果我告诉自己去选择另一个事业，比如成为一名音乐家，那么我就不能成为物理学家，也就不会在电视上做这些讲座，所以我也就不能通过虫洞回到过去并认识我自己，所以我没能说服自己别成为一名物理学家，这也说明穿越到过去或许是不可能的。实际上，我抱着的是我3岁的儿子，他穿着跟我一样的亲子装。嘿，所有想象中的设计都实现得很好，直到——在一个非常安静的时刻，我刚刚宣布那是年轻一些的我——我儿子问道："爹地，我妈咪去哪儿了？"听众席中立即爆发出一阵哄笑，连摄像师也忍不住大笑！

第十二章

在空间与时间中漫游

莫妮卡·格雷迪

（Monica Grady）

2003

月球是一个不适宜居住、毫无生机的荒凉地方，但这并不意味着太阳系中就没有其他地方对生物来说更合适。

不可思议的时空探索之旅

1. 第一个进入外太空的人是谁？
2. 如果有一颗小行星将会与地球发生撞击，那它能否被锁定？
3. 文中提到的构成生命的关键要素是什么？
4. 水出现在地球上的可能性是什么？

从H. H. 特纳与詹姆斯·金斯此前所主持的讲座中，莫妮卡·格雷迪获得了系列讲座标题的灵感，随后她便带着自己的听众跟上了我们探索太空的脚步。她演讲的同一个节假日期间，正是英国尝试在火星上着陆“小猎犬2号”探测器的时候。我们还将探索，当一名宇航员进行太空旅行时，他的身体会受到什么压力，以及当岩石从天而降时摆在地球生物眼前的危险。最后，我们将思考一下在太阳系其他地方发现别的生命形式的可能性。

“这是探索太空最令人兴奋的时期。”格雷迪在开始她的第一场讲座时如此说道，“我们已经摆了很多很多望远镜探索天空。我们向太空深处发射了探测器。我们已经放了一些机器人，还有漫游车在行星的表面测绘，或是绕着星体旋转。我想和你们分享，太空旅行有多么刺激。”

“过去的几天里，所有人的眼睛都在盯着火星。”她解释道，

“我们都在焦急地等着见证英国‘小猎犬2号’探测器是否能够安全着陆。”它在12月19日与母舰“火星快车号”分离，没有一丝故障，并被设定在圣诞节当天着陆火星。“‘小猎犬2号’的着陆信号预定由NASA的‘奥德赛’轨道器接收，并传送到位于地球上的任务控制器。但已经四天了，天空中仍然十分平静。”

“小猎犬2号”应该会在接下来几天跟“火星快车号”接触，随后“它将发射出‘模糊乐队’（Blur）所作的一段特殊音符”，格雷迪说道。我们接着看了一段视频，是格雷迪与模糊乐队贝斯吉他手亚历克斯·詹姆斯（Alex James）在格林尼治皇家天文台会面的情景，她试图挖掘更多他对天文学的热忱，以及他和他的乐队成员是如何谱出这段音符的。“我从音乐家联盟那里收到一张支票……大概是在我们首次签约三个月后，有差不多300英镑，”詹姆斯说道，“于是我就买了一台望远镜，并且旅途中也带着它。我们经常随意地停下脚步，然后举着它对准头顶。”直到在给“小猎犬2号”谱曲时，他解释称：“事实上，（我们）必须非常仔细地思考。我认为这得是极有品位的。”“我们不想让火星人生气。”格雷迪开了个玩笑。詹姆斯说，他们最后“匆匆将一些不严格基于谐波的声音堆到一起”，从中挑出很具有“算术音乐性”的那些声音。（谐波是指一个音符的频率是另一个的精确分数或倍数。）

不幸的是，这个信号始终没有传到“火星快车号”上，而“小猎犬2号”也再没有和任何一个轨道太空飞船接触。2015年1月，人们通过NASA的照片最终发现，它的确完好无损地待在火星的表面，但它的通信系统应该是出了故障。不过，“小猎犬2号”的问题并不是完全不可预料的，向火星发射机器人一直充满各种问题。“自1960年起，向火星发射空间探测器的尝试共有36次，其中大概21次失败了。”格雷迪说。当然也有成功的，包括NASA的“海盗号”着陆器与“探路者号”，但它们的成就很有限。“除了刮过火星表面，到现在还没有完成什么使命。”

不过“小猎犬2号”并不是唯一试图在这颗红色行星上着陆的探测器。“一月份还将有另外两项着陆任务，”格雷迪说道，“NASA已经制作了两辆同样的漫游车——一辆叫‘勇气号’，而另一辆叫‘机遇号’……它们分别预定在1月4日和23日抵达火星表面……这些机器人地质学家装备了显微镜和其他一些仪器，以测量岩石成分与土壤成分，并配备摄像机记录影像……你们可以看到，它们比‘探路者号’机器人大多了。”她说着，给我们展示了一段模拟视频，其中一辆漫游车正启程通过火星表面。“实际上，它们跟我差不多高，有1.5米，一天可以前进100米远。”看起来这似乎比较慢，但它们可是被在2.25亿千米之外的人操控着。

最终这些任务证明它们比“小猎犬2号”成功得多。它们最初的设计是只在火星表面排查三个月，但“勇气号”一直坚持到了2010年3月，而“机遇号”仍然在运行，这意味着它传回火星信息的年限达到了令人难以置信的13年。在这段时间里，它行走的距离等同于一场马拉松，并且发现了火星表面过去有液态水存在的证据。

随着近来所有目光都聚集在火星以及我们正发射到那里的机器上，格雷迪还打算让我们了解一下那些可以将我们自己送入太空的装备。“我们作为一个物种已经存在了10万年，但只是过去的这40年，我们才开始在地球以外冒险。”苏联（译注：原文为俄罗斯）宇航员尤里·加加林（Yuri Gagarin）是第一个进入外太空的人，1961年他乘坐“东方1号”宇宙飞船完成了绕地球轨道一圈的飞行。

我们切换到太空医疗博士凯文·方在游乐场中提供的一段视频

（他将会在2015年圣诞讲座中主讲，详见第165页）。“我们中很少有人会成为宇航员，但大家可以非常简要地了解成为宇航员会是什么样……就在这主题公园中。”他说道。一个名叫霍普（Hope）的女孩戴上了一台加速度测量仪，从而记录下她乘坐过山车时的受力变化。“你将会感受到一种微型程度的宇航员体验。”方后来跟她说道，“过山车启动时的快速阶段，有一点像发射过程。你会感受到4g加速度的力量，这其实就是一名宇航员在太空飞船发射时所感受到的。”他说道。1g是我们平常由于地球引力而感受到的朝向地面的加速度，因此4g就意味着，你会被压到座位上，让你觉得有四倍“重”。

格雷迪还给我们展示了她进入巨型离心机的影像，那是一台快速旋转的大型机器，就跟一辆过山车差不多，能够让我们“一睹身体怎么应付很高的加速度”。机器运转起来，她丝毫动弹不得。“我知道我正在向前看，但觉得身体很重，好像被什么东西压住了，我的头动不了，好奇怪的感觉。而我知道，随着它开始变慢，最难受的部分才刚刚到来。我预感自己即将摔倒，而最奇怪的体验是我好像要摔到自己的脸上了。”格雷迪深深屏住呼吸，同时颤抖着不让自己呕吐，然后说道，“我刚才觉得，这辈子当个宇航员怕是没戏了。”

不过，格雷迪是一位太空岩石方面的专家。“这是爱神星。”她在讲解的时候，我们看到这颗小行星正在她身后的屏幕上旋转着。“这是小行星带中一颗尺寸与伯明翰差不多的岩石。”她解释道，“在太阳系里，还有数百万颗淘气的石头……如果有一颗小行星将会与地球发生撞击，那它能否被锁定？”

莫妮卡・格雷迪（1958—　）

格雷迪1958年出生于利兹，如今已是开放大学的一名行星与空间科学教授。当她在2003年圣诞讲座上带来这场报告时，其正在伦敦的国家自然历史博物馆工作，分选着他们收集的陨石。她曾经为科林・皮林格（Colin Pillinger）工作，而后者是“小猎犬2号”的幕后英雄，因此她是告诉我们更多有关这场勇敢冒险的最佳人选。

最近这段时间她变得非常出名，这得益于欧洲航天局的“菲莱号”着陆器在2014年成功降落彗星67P期间，她在电视直播庆典中热情洋溢的表现。为纪念她的功劳，小行星4731被命名为“莫妮卡・格雷迪”。

“我们还是从一次撞击开始说起吧。我想我们首先会有一场爆炸，你们觉得怎么样？”她问起她的小听众，并得到他们异口同声的热情赞同。当听众都戴上硬质帽子之后，一颗小行星模型顺着飞索从会场高处滑下，一头栽进摆在桌上的沙坑里，引爆了听众席中热烈的掌声。坐在后面几排的一名小男孩甚至伸手想要抓住聚苯乙烯泡沫的弹片。“想象一颗比这个模型大上10000倍的行星，比它更响、更快、更热、更吵，而且没有任何警报。”格雷迪说道，“恐龙没有任何机会逃脱，我们也一样。”

要搞清这些“导弹”可以造成的破坏，我们只需要看看月球，看看它布满无数坑洞如同麻子一般的表面。然而，人们并非从一开始就清楚这些环形的月球特征是撞击造成的（可以回溯参考罗伯特·鲍尔在1881年的讲座，他当时提到这些是死火山的遗迹，见第7页）。格雷迪讲述了我们如何改变看法的过程。“如果你们拿着这些太空的岩石与碎片，那么很显然，只有将它们垂直地砸下来才会形成非常完美的圆形坑。但事实上太空中的这些东西是从各种角度砸下来的。”她讲道。直到科学家们开始在实验室中进行撞击实验，他们才发现格雷迪所说的“令人震惊的事实”。

我们看到了位于肯特大学这样一座实验室的视频画面，在那里，他们用跟一间房差不多大小的枪，推着毫米尺寸的滚珠以每秒7千米的速度射向了花岗岩。格雷迪将花岗岩带到了现场给我们展示，就像你们预测的那样，在滚珠正面射向这块岩石的位置上，有个巨大的圆形孔。不过，科学家随后调整了角度，这样撞击就能模拟太空飞石以某个角度砸向月球的情形。格雷迪给我们分别展示了30度、40度和60度撞击形成的坑洞。“每一个实验我们都得到了一个非常完整的圆洞。”她说道，“不管撞击是什么角度，形状都没有区别。”因此，月球的坑终究还是撞击形成的。

月球是一个不适宜居住、毫无生机的荒凉地方，但这并不意味着太阳系中就没有其他地方对生物来说更合适。不过，在理解“外面的世界”会是什么样之前，我们需要先理解一些我们自己这颗行星上与生命有关的事情。地球上构成生命的关键要素之一是水。它扮演了一种溶剂的角色，也就是一种可以“溶解并输送营养物质”的液体，格雷迪强调了这一点，“你需要一种溶剂来让你的细胞结构保持一定的刚度……以及用它来清除身体的废物”。对于这项工作，水是完美

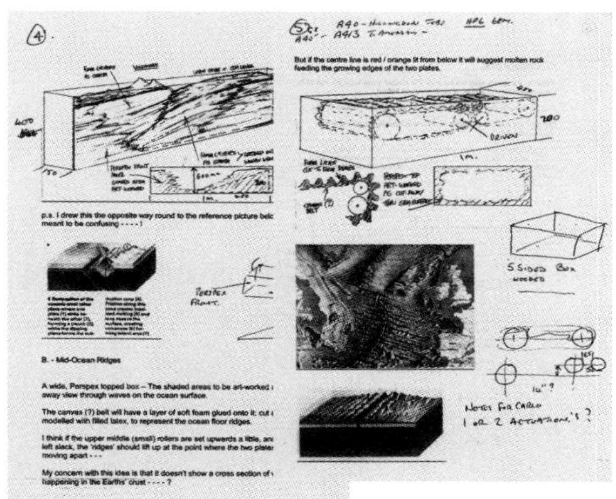

格雷迪画的素描，是对火星地质情况的全新展示

的，因为它在很宽的温度范围内都可以保持稳定，而且它可以溶解很多固体、液体和气体。不过，这些水是怎么最终落脚在地球上的？

一个可能的答案认为，这些水是由撞向早期地球的彗星带来的。在太阳系中，一颗目前仍然存活的彗星是著名的哈雷彗星。“它上次接近时是在1986年，一台叫作‘乔托号’的探测器飞向了它，并发现（在那里）其实有大量碳元素。”格雷迪解释道。随后她作为欧洲航天局“罗塞塔号”项目的一名成员，在2014年参与了首次将探测器着陆到彗星的使命。

如果彗星将这些生命构建材料传输到了地球上，那么它们应该也对其他行星这么做了。“这些构建材料有没有一丝的可能性会自己（在那里）组装成一个有机体呢？”格雷迪问道。很显然，如果我们的行星只是它们随便路过的一个地方，那么生命也不是一直都需要最“完美”的条件。“地球上有一些地方，有机体可以在温度和环境都极端恶劣的条件下生存。”她说道。细菌“可以在煮开的水中存活……它们可以在苔原冻土中存活，甚至现在已经发现，它们可以在核反应堆里存活，虽说那里有着巨大的辐射剂量”。知道了这些，我们就可以开始探索地球以外，寻找其他地方的生命了。

很明显，木星不像是生命的寓所，但它“就像一个微型太阳系，被很多卫星包围着”，格雷迪说道，“生命在其中一颗卫星上延续下去也是挺不错的”。我们现在就来近距离地瞧瞧其中一颗卫星：木卫二。“它的表面完全被冰覆盖了。”她解释道。但这表面并非故事的全部。我们对这颗卫星最好的探测结果来自NASA的“伽利略号”探测器。“看起来在木卫二上还有一层液体。”她说道。冰层的下面被认为还有一个由水构成的海洋，水量比地球上所有海洋加起来还要多。那里是否有生命存在仍是个谜团，是留待未来探索的任务，格雷迪对此这样说道：

我们必须更深入地研究我们的……宇宙，所以我们要准备好迎接宇宙为我们留着的任何惊喜。我太老了，也太懒了，没法再飞出去做这样的探索。我们需要年轻人去这么做，成为下一代宇航员、工程师、科学家、太空旅行者、太空厨师、太空园艺师——即将建立栖息地的人。我希望我现在看到的你们就是这样一群人。记住，是你们即将开启这些探索——祝你们旅途愉快。

直击现场

奥林匹娅·布朗（Olympia Brown）是皇家科学院圣诞讲座的经理。格雷迪的系列讲座是她组织的第一次讲座，而且这次讲座也不像她曾经办过的任何活动：“因为我们希望在‘小猎犬2号’按计划于2003年的圣诞节着陆后不久就和它连线（通过科林·皮林格），皇家科学院团队的大多数成员都在圣诞节与新年之间暂停了工作。所以，压力不只是来自这场现场科学讲座——差不多每三分钟一次科学演示，关键是，其实我们也不知道我们请来的秀场‘嘉宾’会不会出现。直到12月29日节日正式录制前，我们才几乎肯定‘小猎犬2号’并没有与地球成功连线，但还是希望奇迹会出现。说不定呢，也许就在最后时刻。正是这分遗憾——亦伴着最后残存的希望——让我深深地爱上了圣诞讲座，爱上了它们对科学独一无二、如痴如狂却又饶有兴味的解读。”

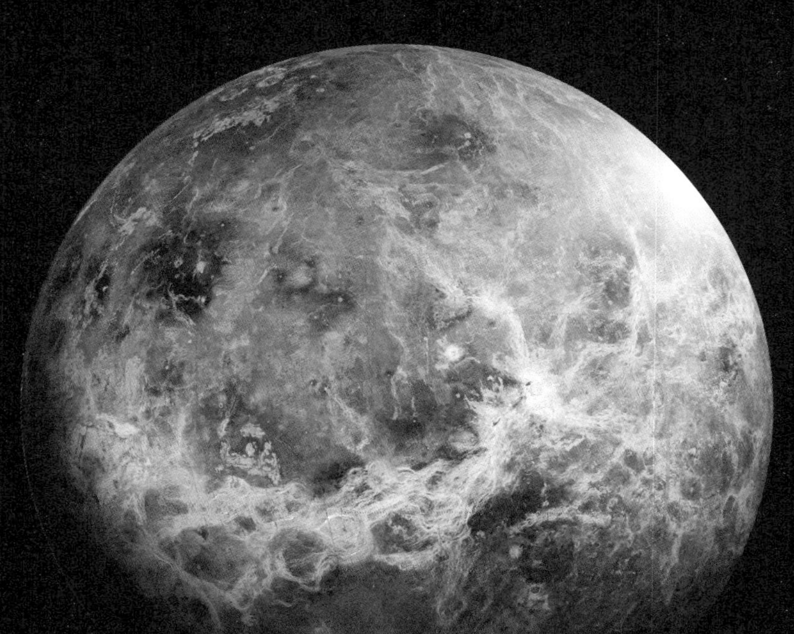

第十三章

如何在太空中生存

凯文·方

（Kevin Fong）

2015

✧

“我很遗憾不能亲临现场和你们在一起，但我敢肯定地说，我此刻已经身处最荣耀的位置，可以向下望到这颗美丽的行星——地球。那么，各位地球上的伙伴，再见。”

✧

不可思议的时空探索之旅

1. 如何在太空中生存?

你的身体是经过数十亿年演化的结果，而这是一个让你变得非常适应地球生活的进程。然而，飞向太空，你的身体不得不突然面对一大堆挑战，而它从来不是为此而设计的。在这一年的圣诞讲座中，我们将会听到如何在太空中生存的各种知识——从火箭发射到在无重力环境下生活的残酷事实，并展望未来，看看将来某一天将人类送到火星会遇到的潜在挑战。

“我是一名医生，而我会在一些非常极端的环境下工作。”一架空中急救直升机高高地盘旋在泰晤士河上方，而在它的全尺寸飞行模

讲座传单

拟舱内，方开始了他的2015年讲座。“我还为NASA工作，努力让宇航员在最极端的环境下也能保持健康……想要探索宇宙，那么我们首先就需要学会如何在太空中生存。”

他的第一场讲座是在2015年12月28日进行播放的，而就在两周前，蒂姆·皮克成为造访国际空间站（ISS）的首位英国宇航员。ISS是人类制造的一个轨道“前哨”，它跟足球场差不多大，而蒂姆·皮克将会在那里待上六个月。1991年，海伦·沙曼（Helen Sharman）造访了“和平号”空间站，并在那里待了八天，这是英国人的宇宙首秀，但此后近25年英国再无人能及。

凯文·方（1971—　）

伦敦人方是伦敦大学学院医院的一名会诊麻醉医师，也是病人紧急响应小组的组长，这也就意味着他经常会乘坐肯特、萨里、萨塞克斯的空中急救直升机。他也是航天航空与极端环境医学中心的副主任。作为一名曾为NASA工作的太空医学专家，他是谈论英国宇航员蒂姆·皮克太空之行的最佳人员，而后者在当时刚刚抵达了国际空间站。方是英国电视节目中观众非常熟悉的一张面孔，此前在很多科学节目中现过身，包括《地平线》（*Horizon*）与《极限A&E》（*Extreme A&E*）。

早在三个多世纪以前，艾萨克·牛顿首次证明了如何使物体进入轨道，并建立了有关轨道旋转的一些定律。在两名年轻志愿者弗雷德（Fred）与亚当（Adam）的协助之下，方给我们展示了牛顿的理论是如何在现实中发挥作用的。“我准备把你们变成火箭发射台。”两个男孩在讲台上分别投掷了一个沙包，而弗雷德将它们扔得更远一些。这些沙包“将会进入围绕地球质心旋转的轨道”，方说道，“但地球挡住了它们的路线”。这些沙包运动时沿着的弧形路线，其实是一个圆圈上的很小一部分，之所以不能完成是因为被地板阻挡了。牛顿意识到，如果非常使劲地扔某个东西，那么最终它会爬升到足够高的位置，这样下落时就会绕着地球旋转——完成整个圆圈——再没有行星的表面会挡在它前面。牛顿将这些想法写到了他的著作《自然哲学的数学原理》（译注：*Philosophiae Naturalis Principia Mathematica*，*Principia*是其简写，意为原理）中，同时方也给我们展示了蒂姆·皮克制服上的任务徽章，其中“Principia”这个单词赫然纹饰在上，这是由13岁的“蓝彼得”（Blue Peter）获奖人特洛伊·伍德（Troy Wood）设计的作品。“这是此次任务期间他将一直佩戴的徽章，而这是根据一本非常重要的著作命名的。”方说道。

书中还包括牛顿的著名论断：任何作用力都与反作用力相等。为了证明这一点，方坐上了一辆木板车，车上挂着两只灭火器，打开之后，便推着他朝反方向前进。因此，一次成功的发射入轨需要两个关键要素：一是将燃料从火箭的底部强力喷出，把你送向相反的方向；二是需要行驶得足够快，这样你就可以绕行地球，而不会被地球的表面阻挡。

为了更多地了解蒂姆·皮克在几周前是如何进入太空的，我们切换到一段从哈萨克斯坦拜科努尔航天发射场传回的视频，2003年度圣诞讲座的演讲者莫妮卡·格雷迪正守在那里，点火即将开始。（这是一次绝佳的连线，因为方也曾在格雷迪讲座期间出现在视频片段中，见第157页。）“哦！哇哦！拜拜，蒂姆！拜拜，蒂姆！”蒂姆升空时，她呼喊道。“哇哦，太了不起了！只是看着它这么飞着……我就感觉无比快乐。它安全发射了，真是太棒了！”她兴奋地说道。方也非常兴奋：“看着火箭这样发射了，简直难以置信。无法想象，（不过）我们也不需要想象。我们可以问问那些真的做到过这些的人。”他把迈克·巴勒特（Mike Barratt）请到讲台上，这是一位曾经到过国际空间站的美国宇航员。巴勒特还有一条蒂姆让他捎给凯文的信息。“其实我们刚刚刷到一条来自国际空间站宇航员蒂姆·皮克的推文（译注：指在社交网站推特上所发表的消息）。”巴勒特说道，“他要预祝方博士在圣诞讲座中好运，并且他也因能够在太空中成为讲座的一部分而感到高兴。”

巴勒特告诉我们乘坐火箭是一种什么感觉。“进入飞行状态两分半后，航天飞船的外层保护套便脱落了。太阳光射入舱内。我没有办法起身，不过可以抬起手臂。我手腕上有个小镜子，而我们当时已经距离地面100千米了，我看到云层已经在我身后变得越来越小。那时你就真切地知道，你已经离开地球了。”

英国宇航员海伦·沙曼也来到了讲台上，还有一名来自听众席的志愿者亚历山德里娅（Alexandria）。亚历山德里娅已经穿上了一件太空服的复制品，那是根据沙曼在25年前飞往太空所穿的太空服制作的。“我真正穿过并进入太空的那件太空服，正保存在伦敦的科学博物馆。不过这一件非常相似。我得说，在我看来，它们是一样的，就连左边的镜子也都一样。”

在第二场讲座时，听众收到一条来自蒂姆・皮克的信息，而他所在的国际空间站正在我们头顶以每小时17500英里（28000千米）的速度呼啸而过。“嘿，凯文，皇家科学院讲堂里参加圣诞讲座的各位，大家好。我希望你们会度过一段愉快的时光，同时欢迎来到国际空间站。”皮克说道，“在我超过六个月的执行任务期间，大约会进行265项实验，从流体物理到生物实验都有，当然还有人类生理实验，以了解更多有关我们身体的信息，了解它是怎么适应太空飞行的，了解它将如何有益于我们未来的空间探索，当然也包括地球上的人类。”

为了弄清楚更多在太空中生活以及工作的状态，方找来了美国前宇航员丹・塔尼（Dan Tani），他曾在国际空间站度过了132天。方给塔尼连上了一台生命支持设备，那是方作为麻醉师在工作中所使用的，可以通过高压氧气罐输送氧气。然而这并非在太空中将氧气输送给宇航员的有效方式，因为氧气处于高压之下。“罐内的压力差不多是外界压力的200倍，”方说道，“所以这就会存在爆炸的风险。”取而代之的是，宇航员所用的氧气是存储在水之中的，也就是H_2O，随后利用电将水分子撕开，氧气被保留下来，氢气则被排到舱外。方将电流通到水中，从而展示了这个过程是怎么实现的。毫无疑问，我们可以看到氢气和氧气形成的小气泡正在不断生成，因为它们之间的化学键被打破了。

方的生命支持设备也可以给我们展示，氧气是如何在空间站的舱内循环，重新供宇航员呼吸的。在空间站中呼吸的麻烦之处在于，你呼出的气体中会含有不少二氧化碳。“你不会想去吸入它们，”方说道，“如果吸入足够多的二氧化碳，最终你会感到不适，感到不清醒，昏昏欲睡，还会变得失去意识，最终死亡。”方给我们展示了安装在生命支持设备上的一罐氢氧化钠。这是一种“清除剂”，它将二氧化碳吸收，从而阻止塔尼将其再吸回体内。类似的机制使太空中的空气适于宇航员呼吸。风扇吹出气流，将空间站内宇航员呼出的气体送入清除装置中进行净化。

失重的另一个对宇航员有严重影响的效应是身体会出现骨质流失。你的骨骼经过演化，可以支撑你的体重，抵御地球重力的拉扯。然而在失重的环境下，你的骨骼就不再承受同样的拉力了。“当宇航员进入太空后，他们的骨质就会流失……差不过是每个月1%～2%的速度。”方说道。皇家科学院的实验团队用3D打印技术做了两份骨骼局部放大之后的模型。“现在，为了向你们演示当骨密度开始降低时会变得多脆弱，我们准备了这种挤压盒。”方说道。这是由透明有机玻璃制成的盒子，覆盖在骨骼样品的上方。方从听众席中征召了一名志愿者卢卡（Luka），他的体重大约是50千克。首先，卢卡站到第一个健康骨骼模型顶部的盒子上——它可以非常好地支撑他的体重。然而当他站到另一个在太空待了14个月的骨骼模型上时，骨骼在他的体重之下变形了，其中一角很轻易就折断了。

为了更深入地了解这种现象，我们回头看看飘浮在太空中的蒂姆，看看太空给他的感觉是怎样的。“我的脑袋感到有点涨，”他说道，“我身体里的所有体液似乎都涌向了这个中心区域（他指向了他的胸部），所以有一点透不过气的感觉，就像你有点鼻塞了似的。”方给我们展示了蒂姆的两张照片，一张是发射前他的样子，另一张则是太空中的他。“现在你们可以看到他的脸变得更圆，更加浮肿，”

方说道，“这是因为体液都从他的腿部冲到了头部，这也是为什么他会感到有些胸闷。他们非常专业地把这种体液从下半身转移到上半身的情况称为‘鸡腿浮肿脸’。”

在给我们展示了如何进入太空以及在那里生活会是什么样之后，在他的最后一场讲座中，方转而讲起人类太空飞行的未来。“这场讲座谈论的都是下一个前线，而这个前线正是你们的前线。”他告诉他的年轻听众。不过，阻挡人类的其中一个原因是危险的外太空高辐射环境。方从听众席挑选了塞莱斯特（Celeste）协助他论证。她握了一台盖革计数器，当它被放射线袭击时可以听到“咔嗒”声。“并没有什么辐射，”方说道，“嗯……这是因为我们被一层大气和地球的磁场保护着。”像蒂姆·皮克所处的国际空间站是在大气层以外的，但他们很大程度上仍在地球磁场的保护圈里。

然而，脱离它之后的冒险——比如说火星——你就不再被保护了。为了弄清楚会发生什么，方请来了太阳物理学家露西·格林（Lucie Green）。“你会被辐射到，”她说道，“你可能会患一些辐射疾病、方向障碍。但它可能会是致命的……这是如果我们真的打算移居火星需要克服的主要挑战。”即便没有辐射的威胁，这段旅程也并不轻松。“为了抵达那里，你需要旅行数亿英里远，”方说道，“前往火星的飞行任务至少需要一年半，甚至会达到三年。所以你们正在讨论的是在太空中待上差不多1000天，这可就太离谱了。”

2015年圣诞讲座的任务徽章

持续时间如此长的旅程，意味着可能前往火星的观光客们在飞往这颗红色星球的路上需要循环使用各种东西，从而让此次飞行任务的重量保持在最低水平。方告诉我们，这其中甚至包括我们的尿液。“这是一个特制的袋子，可以循环尿液。”方说着，让我们看了另一个演示。这是一个袋中袋。“你的尿液会通过这里的红色入口，”他解释道，“进入袋子。然后内部的袋子会让水通过，所有的有害物质却不能。”方随后呷了一口纯化后的尿液，着实让听众欣喜却又恶心。

水并不是需要循环的唯一物质。“如果有一种循环的方法能够使你的空气同时成为食物的来源……现在在这个架子上就有一种：它被称作植物。”

皇家园艺学会的一名植物学家前来告诉我们更多有关在太空中种植物的事情，而我们也将看到一段宇航员打算在国际空间站开发小型花园的视频。人造光源可以让植物发生光合作用。这就有可能在微重力下种植小麦、大米、罗勒、大豆、西红柿等。而当这一切正在进行时，一名来自听众席的志愿者芬利（Finley）正在忙着利用这些原料制作比萨（你可以利用大豆制作奶酪）。“女士们，先生们，太空比萨。”方报起了菜名。

在本系列讲座进行期间，国际空间站的舱内还出了点问题，而美国宇航员蒂姆·科普拉（Tim Kopra）必须通过舱外太空行走，将故障电箱修好。这次故障导致国际空间站的移动臂被卡住了。“这个问题非常严重，因为其中两个补给舱在给空间站运送货物——食物，还有实验器材，有时还有氧气……都需要依靠那条移动臂抓取。”宇航员丹·塔尼说道，他再次回到现场给我们解释太空行走。我们看到蒂姆·皮克从国际空间站内协助科普拉进行太空行走，实际上在系列讲座之后，皮克也完成了他自己的梦想，成为第一位完成此项壮举的不列颠人。

蒂姆·皮克最后发来的一条信息总结了这一年的圣诞讲座。“能够在国际空间站和参加皇家科学院圣诞讲座的各位进行交流，真的非常开心，”他说道，“我很遗憾不能亲临现场和你们在一起，但我敢肯定地说，我此刻已经身处最荣耀的位置，可以向下望到这颗美丽的行星——地球。那么，各位地球上的伙伴，再见。”

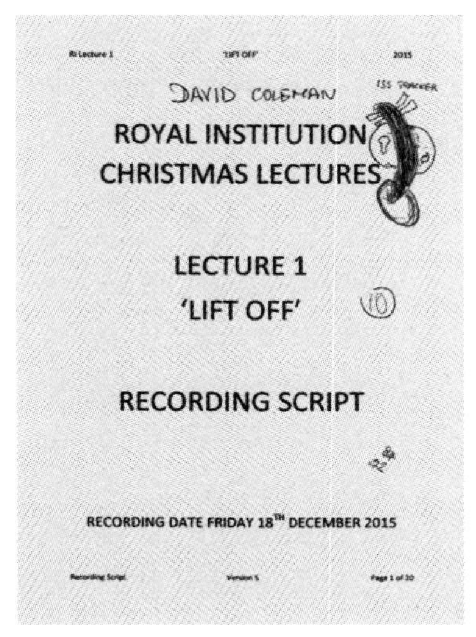
RI Lecture 1　'LIFT OFF'　2015

DAVID COLEMAN　ISS TRACKER

ROYAL INSTITUTION
CHRISTMAS LECTURES

LECTURE 1
'LIFT OFF'　10

RECORDING SCRIPT

RECORDING DATE FRIDAY 18TH DECEMBER 2015

Recording Script　Version 5　Page 1 of 20

有导演戴维·科尔曼（David Coleman）注解的录制稿（以及他对ISS的涂鸦）

直击现场

乔恩·法罗（Jon Farrow）是2015年圣诞讲座的助理。“我们着实幸运，因为尽管将宇航员送入空间站的计算与考察异常复杂，但原理其实非常简单。对火箭来说，最重要的原则或许就是：为了能够向上飞，你需要向下扔点什么东西。为了证明这一点，我们请宇航员迈克·巴勒特坐在一辆滚动的平台上，让他向后扔沙包。沙包比热气体更容易被看到。而当迈克第一次实践的时候，他在火箭推进方面特别擅长，以至于我们不得不拿走一些沙包，这样他才不至于撞到设备。而在一场和丹·塔尼共进圣诞晚餐的场景——最终被剪辑了——中，丹脱稿表演，而工作人员就有一些紧张。我永远也不会忘记舞台经理唐（Dawn）向后台抗议的职员咆哮：‘他是一名宇航员，他想怎么做都行！’”

纪实图集

杜瓦在他位于皇家科学院的实验室中（下页亦是）

在某场讲座结束后，金斯向他的听众展示一个土星模型

斯潘塞·琼斯在一场讲座之后给他的听众演示一台太阳系仪

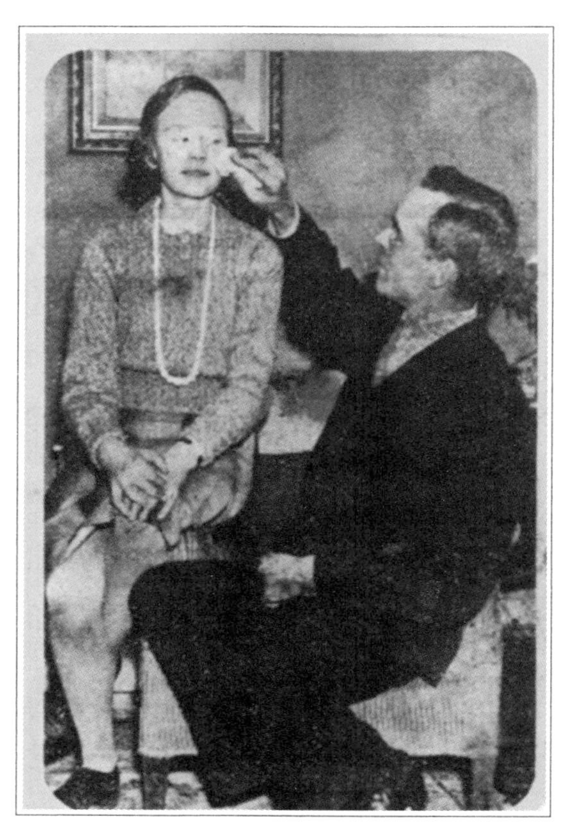

贝蒂·格林化装成来自天狼星系的外星人

在斯潘塞·琼斯的一场讲座之前，技工们正忙着组装设备

讲座期间的斯潘塞·琼斯

休伊什正在进行一个光学演示

洛维耳在与焦德雷尔班克通电话

讲座开始之前，波特与一位助手测试他的时光机模型

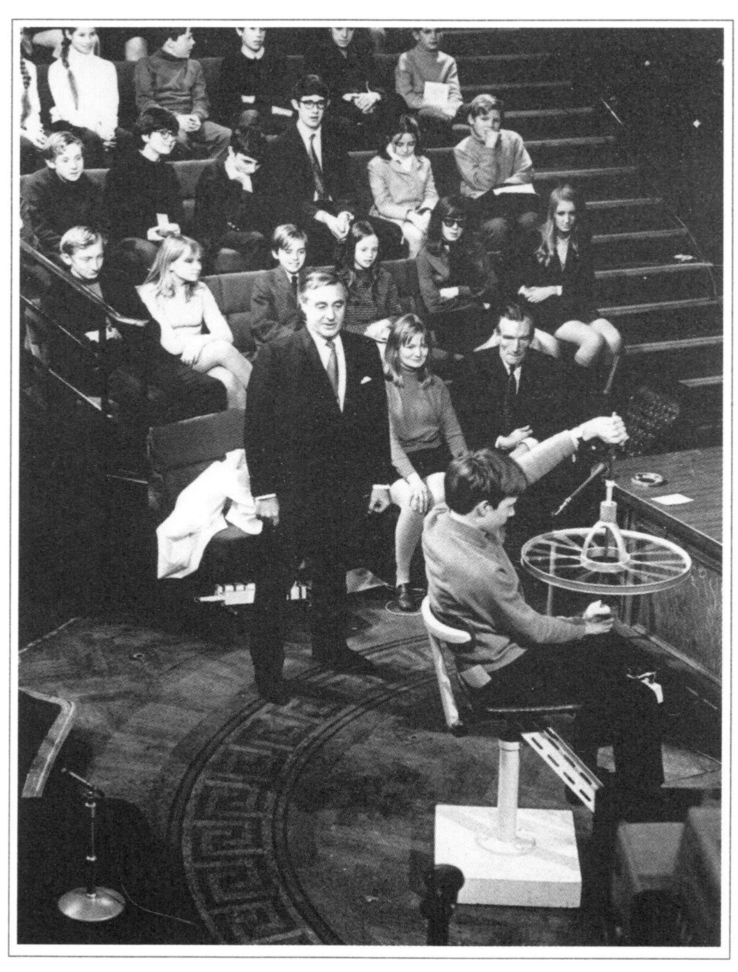

波特注视着一名志愿者，这名志愿者正在协助完成证明实验

波特指挥有关角动量的证明实验

一辆吊车正吊着波特的时光机穿过皇家科学院的一扇窗户

萨根站在一幅查尔斯·达尔文画像下面，其身后是斯坦利·米勒证明生命起源的实验复制品

萨根在加利福尼亚死亡谷与一台“海盗号”着陆器的模型合影

萨根与从听众席上请来的两名志愿者在“火星”上一起品茶

朗盖尔正在解释太阳的结构

朗盖尔正在解释诸如脉冲星这样的致密物体是如何产生可变能量的

克洛斯与听众聆听克劳迪娅弹奏《绿袖子》

讲座助理布赖森·戈尔为了证明观点而吹起一个金属箔气球

BBC制片人威廉·伍拉德与克洛斯

约翰逊准备拉着坐在推车上的鲁比前进，而她手中握着一只发光的球

约翰逊正在证明时空弯曲的可能性，以制造出一个虫洞

格雷迪与模糊乐队贝斯手亚历克斯·詹姆斯

格雷迪与一台“小猎犬2号”模型

在小行星证明之前，皇家科学院讲堂中亮起的“危险警报”

格雷迪演示热量大概是如何从木卫二中心通过热水口传递到表面的

方正在与美国宇航员迈克·巴勒特交流

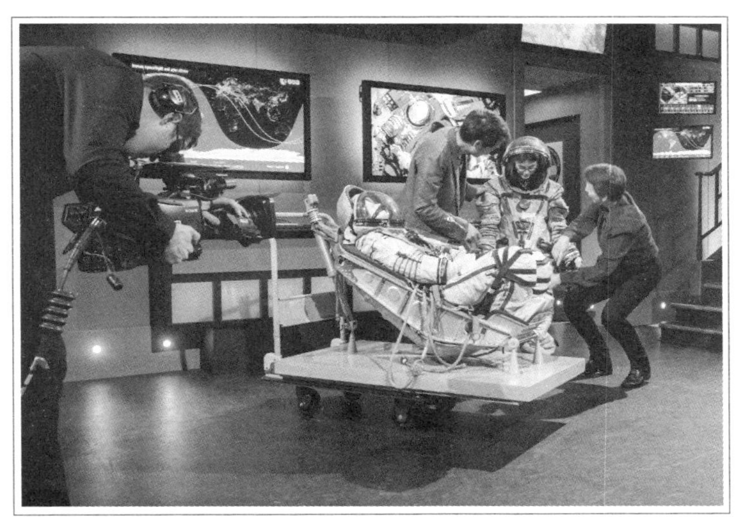

宇航员海伦·沙曼和方，还有志愿者亚历山德里娅在一起

蒂姆·皮克有个信息带给听众

卢卡协助方完成了骨骼挤压实验

后记

从1881年鲍尔的圣诞讲座到2005年方的圣诞讲座，这段旅程令人大开眼界。一个多世纪以来，我们对空间和时间的理解都在不断发展，跟随着这段脚步，要说对人类在这么短的时间里取得如此巨大进步感受不到强烈的骄傲，那是不可能的。鲍尔曾让我们想象从月球上回望地球的情形，因为没有一名探险家曾经造访过那里。然而今天，我们已不再需要借助想象力，因为我们已经拥有十多个人在月球尘土中行走的影像记录。2015年，圣诞讲座听众席上甚至全世界的孩子，可以听到正在他们头顶绕轨道飞行的一名宇航员的声音，而他所处的空间站，已经超过10年持续有人居住。

所以，我情不自禁地想知道，再过100年，人们会如何看待我们如今所知的空间与时间。坐在我们的月球基地里，或是在干燥的火星表面行走，或许我们还会将国际空间站称为人类第一次在太空长期滞留的精巧装置。也许我们会打破包围着暗物质的神话，最终理解我们的宇宙是由什么构成的。不过，有一件事我想是确定的：启发下一代科学家和工程师是我们实现未来的过程中不可丢弃的部分。因此，圣诞讲座还将持续很多很多年。

图片说明

✧

《序》第1页：蒂姆·皮克在讲堂屏幕上的照片；保罗·威尔金森摄影室（Paul Wilkinson Photography）

第4页：如何对比地球与太阳；罗伯特·斯塔威尔·鲍尔所著《星—地》（*Star-Land*）原版中的插图，本书于1890年由卡塞尔有限公司（Cassel & Company Ltd.）出版

第4页：2013年5月14日的太阳耀斑照片；由美国国家航空航天局/太阳动力学天文台（SDO）提供

第5页：皇家科学院讲堂里的鲍尔；《星—地》原版中的插图

第6页：月相；《星—地》原版中的插图

第7页：地球与月亮的相对尺寸；《星—地》原版中的插图

第10页：罗伯特·鲍尔爵士在皇家科学院所做的讲座，主题为“1900自然之书的壮丽篇章”；弗雷德·佩格勒姆（Fred Pegram，1870—1937）绘制；皇家科学院藏品（RIIC 0653）

第21页：讲座安排表封面；皇家科学院藏品（RI MS AD/06/A/03/A）

第23页：1904年詹姆斯·杜瓦爵士在皇家科学院介绍液态氢的讲座油画；亨利·詹姆斯·布鲁克斯（Henry James Brooks）绘制；皇家科学院藏品

第24页：《一颗陨星的故事》讲座手册封面；皇家科学院藏品

第25页：杜瓦的笔记封面；皇家科学院藏品（RI MS DEWAR/DB5b/2）

第26页：杜瓦为他的圣诞讲座手写的演示列表；皇家科学院藏品（RI MS DEWAR/DB5b/2）

第30页：讲座安排表封面；皇家科学院藏品

第33页：天文斜视图；H. H. 特纳所著《太空遨游》（*A Voyage in Space*）原版中的插图，本书于1915年由伦敦基督教知识普及学会出版

第33页：试图拉开两只马格德堡半球；《太空遨游》原版中的插图

第35页：珀西瓦尔·勒韦尔与他的助手绘制的火星“运河”插图；《太空遨游》原版中的插图

第36页：液化空气实验；《太空遨游》原版中的插图（翻印自1914年1月10日《伦敦新闻画报》）

第37页：太阳黑子；《太空遨游》原版中的插图

第38页：特纳关于太阳黑子起源的错误认识；《太空遨游》原版中的插图

第40页：一对双星；《太空遨游》原版中的插图

第44页：讲座安排表封面；皇家科学院藏品（RI MS AD/06/A/03/A）

第47页：金斯讲座的卡通图；《每日邮报》的企业联合代理“独立联合”（Solo Syndication）

第52页：金斯对北斗星的素描；皇家学会

第53页：金斯注解的讲座笔记；皇家学会

第58页：讲座安排表封面；皇家科学院藏品（RI MS AD/06/A/03/A）

第73页：讲座安排表封面；皇家科学院藏品（RI MS AD/06/A/03/A）

第74页：洛维耳给布喇格发的电报；洛维耳的遗物；皇家科学院藏品（RI MS AD/06/A/03/C/1965_Folder 2）

第75页：洛维耳寄给布喇格的信件；洛维耳的遗物；皇家科学院藏品（RI MS AD/06/A/03/C/1965_Folder 2）

第75页：洛维耳寄给布喇格的信件；洛维耳的遗物；皇家科学院藏品（RI MS AD/06/A/03/C/1965_Folder 2）

第86页：讲座安排表封面；皇家科学院藏品（RI MS AD/06/A/03/A）

第86页：一台太阳系仪的图片；尼古拉（nicoolay）/爱存图片库（iStock）

第91页：波特的笔记；皇家科学院藏品（RI MS GP/C. 1073）

第94页：波特寄送给A. 斯利思的信件；皇家科学院藏品（RI MS GP/C. 1071）

第101页：讲座安排表封面；插图绘者不明；皇家科学院藏品（RI MS AD/06/A/03/A）

第104页：奥林匹斯山的照片；美国国家航空航天局/喷气推进实验室（JPL_Caltec）

第107页：萨根发给波特的电报；皇家科学院藏品

第108页：萨根的飞机票；皇家科学院藏品

第108页：萨根寄给波特的信件；萨根的遗物

第108页：波特寄给萨根的信件；皇家科学院藏品（RI MS GP/C.1129）

第121页：标有注释的第三场讲座的手稿；马尔科姆·朗盖尔；皇家科学院藏品（RI MS AD/06/A/03/C/1990）

第121页：宇宙微波背景照片；美国国家航空航天局/威尔金森微波各向异性探测科学团队（WMAP Science Team）

第123页：手绘图表；马尔科姆·朗盖尔；皇家科学院藏品（RI MS AD/06/A/03/C/1990）

第123页：朗盖尔寄给托马斯的信件；马尔科姆·朗盖尔；皇家科学院藏品（RI MS AD/06/A/03/C/1990）

第130页：讲座安排表封面；插图绘者不明；皇家科学院藏品（RI MS AD/06/A/03/A）

第136页：克洛斯寄给戴的信件；弗兰克·克洛斯；皇家科学院藏品（RI MS AD/06/A/03/C/1993_Folder 3）

第161页：俯冲/板块构造运动的示意图；莫妮卡·格雷迪；皇家科学院藏品（RI MS AD/06/A/03/C/2003_Folder 6）

第167页：讲座传单；皇家科学院藏品（RI MS AD/06/A/03/C/2015）

第169页：“原理”任务徽章；欧洲航天局

第173页：2015年圣诞讲座的任务徽章的照片；安东尼·刘易斯（Anthony Lewis）

第175页：有戴维·科尔曼注解的录制稿；戴维·科尔曼；皇家科学院藏品（RI MS AD/06/A/03/C/2015）

第177页：杜瓦的照片；皇家科学院藏品（RIIC 2070）

第178页：杜瓦的照片；皇家科学院藏品（RIIC 2069）

第179页：金斯与土星模型；图片社（Photopress）

第179页：斯潘塞·琼斯与太阳系仪的照片；皇家科学院藏品/福克斯照相馆（Fox Photos）

第180页：化装后的贝蒂·格林；镜像素（Mirrorpix）

第181页：在斯潘塞·琼斯的讲座开讲前，技工们正在布置实验台的照片；皇家科学院藏品（RIIC 2584）/每日剪影（Daily Sketch）

第181页：斯潘塞·琼斯与黑球的照片；基础出版社（Keystone Press Agency）/皇家科学院

第182页：休伊什进行演示的照片；基础出版社/阿拉米图片库（Alamy）

第182页：洛维耳与焦德雷尔班克进行电话沟通；逸名摄影师；皇家科学院藏品（RIIC 3243）

第183页：波特与时光机的照片；阿尔法出版社（Alpha Press）

第184页：波特演讲的照片；菲利普·戴利（Philip Daly）

第185页：波特证明实验的照片；菲利普·戴利

第186页：时光机通过窗户时的照片；逸名摄影师；皇家科学院藏

品（RIIC 2785）

第187页：第二场演讲的视频截图；英国广播公司动画长廊（BBC Motion Gallery）/格蒂图片库（Getty Images）

第187页：萨根与“海盗号”着陆器的照片；美国国家航空航天局

第188页：第五场讲座的视频截图；英国广播公司动画长廊/格蒂图片库

第188页：第二场讲座的视频截图；英国广播公司动画长廊/格蒂图片库

第189页：第三场讲座的视频截图；英国广播公司动画长廊/格蒂图片库

第189页：第一场讲座的视频截图；英国广播公司动画长廊/格蒂图片库

第190页：克洛斯与金属箔气球模型的照片；逸名摄影师；皇家科学院藏品（RIIC 3718）

第190页：讲座的公开照片；逸名摄影师；皇家科学院藏品（RIIC 2745）

第191页：第二场讲座的视频截图；英国广播公司动画长廊/格蒂图片库

第191页：第五场讲座的视频截图；英国广播公司动画长廊/格蒂图片库

第192页：格雷迪与亚历克斯的照片；逸名摄影师

第192页：第二场讲座的视频截图；英国广播公司第4频道

第193页：第四场讲座的视频截图；英国广播公司第4频道

第193页：第五场讲座的视频截图；英国广播公司第4频道

第194页：凯文·方和丹·塔尼的照片；保罗·威尔金森摄影室

第195页：海伦·沙曼和一个身穿太空服的女孩的合影；保罗·威尔金森摄影室

第195页：蒂姆·皮克在讲座屏幕上出现时的照片；保罗·威尔金森摄影室

第196页：一个孩子站在3D打印骨骼模型上的照片；保罗·威尔金森摄影室

作者手记

我要感谢我的家人，尤其是我的太太露丝（Ruth），感谢他们的爱护与支持。同时，我要感谢皇家科学院的奥林匹娅·布朗（Olympia Brown）、夏洛特·纽（Charlotte New）以及莉娜·赫尔特格伦（Liina Hultgren），感谢他们一直以来的协助。此外，也要感谢英国广播公司的萨曼莎·布莱克（Samantha Blake），以及迈克尔欧玛拉书业公司的乔·斯坦索尔（Jo Stansall），感谢她校对时敏锐的双眼。最后，感谢各位圣诞讲者——读着他们的故事，欣赏他们的讲座，本身就充满震撼。

接下来，是每一章中所用过的材料来源小结：

第一章：罗伯特·斯塔威尔·鲍尔

鲍尔的讲座已经没有完整的记录保存下来了。事实上，引用的材料都出自他的著作《星—地》，以及他的圣诞讲座。

第二章：詹姆斯·杜瓦

直接引用的材料，有的出自皇家科学院为配合杜瓦的讲座制作的节目，有的来自各种报纸存档，上面有针对这场讲座直接采访他的内容。

第三章：赫伯特·霍尔·特纳

直接引用的材料取自特纳于1915年出版的著作《太空遨游》，以及该系列圣诞讲座。

第四章：詹姆斯·金斯

金斯将他的圣诞讲座整理成了一本书——《穿越空间与时间》（*Through Space and Time*），由剑桥大学出版社于1934年出版。本章中直接引用的内容取自该出版物。

第五章：哈罗德·斯潘塞·琼斯

在由皇家科学院当时制作的节目中，斯潘塞·琼斯的讲座已经没有记录留存了，因此所有细节都是由各种报纸的报道拼接而成的。

第六章：伯纳德·洛维耳等人

所有直接引用的内容都取自皇家科学院为本次讲座制作的官方节目。

第七章：乔治·波特

引文取自英国广播公司手写档案所保存的有关讲座的对外报道手稿。这一系列讲座被拍摄下来，但胶片下落不明。

第八章至第十三章：卡尔·萨根、马尔科姆·朗盖尔、弗兰克·克洛斯、尼尔·约翰逊、莫妮卡·格雷迪以及凯文·方

所有这些讲座都有录像视频，因此这几章直接引用的材料，都是从讲座的视频中截取的。